普通高等院校"新工科"创新教育精品课程系列教材

教育部高等学校机械类专业教学指导委员会推荐教材

机械设计实验教程

主　编　马　俐　王　雪　闫玉涛

华中科技大学出版社

中国·武汉

内 容 简 介

本书是为满足高等院校机械设计实验教学改革与建设的需要,在充分调研国内外高校机械设计实验教学研究现状的基础上,紧密结合机械设计课程教学与编者在实验教学中积累的经验编写而成。本书特点是将机械领域内先进的实验技能与理论知识相融合,促进学生通过实验的方式对所学的理论知识进行真实应用,培养学生的创新能力和工程实践能力,加强学生对机械设计的基本理论的理解,提高学生分析问题和解决问题的能力。

全书共分5章。第1章阐述了实验课程的意义、体系、任务和要求;第2章介绍实验数据测量方法及常用传感器;第3章介绍测量误差分析和数据处理方法;第4章介绍机械设计课程实验;第5章介绍科技创新实验;后附机械设计实验报告。

本书可作为高等院校机械类相关专业机械设计课程的实验教学用书,也可供机械工程领域的工程技术人员和科研人员参考。

图书在版编目(CIP)数据

机械设计实验教程/马俐,王雪,闫玉涛主编.—武汉:华中科技大学出版社,2024.1
ISBN 978-7-5772-0265-5

Ⅰ.①机…　Ⅱ.①马…　②王…　③闫…　Ⅲ.①机械设计-实验-高等学校-教材　Ⅳ.①TH122-33

中国国家版本馆 CIP 数据核字(2023)第 239160 号

机械设计实验教程　　　　　　　　　　　　马　俐　　王　雪　闫玉涛　主编
Jixie Sheji Shiyan Jiaocheng

策划编辑:张少奇
责任编辑:程　青
封面设计:杨玉凡　廖亚萍
责任监印:周治超
出版发行:华中科技大学出版社(中国·武汉)　　　　电话:(027)81321913
　　　　　武汉市东湖新技术开发区华工科技园　　　　邮编:430223
录　　排:武汉三月禾文化传播有限公司
印　　刷:武汉科源印刷设计有限公司
开　　本:787mm×1092mm　1/16
印　　张:11.5
字　　数:187千字
版　　次:2024 年 1 月第 1 版第 1 次印刷
定　　价:35.80 元

机械设计实验报告

班级 _____

姓名 _____

学号 _____

目　　录

实验一　螺栓连接静动态测试实验报告

班　　级		姓　　名		学　　号	
实验日期		成　　绩		指导教师	

一、实验目的

二、实验设备及原理

三、实验数据

理论值

项目	螺栓拉力	螺栓扭矩	八角环	挺杆
预紧形变值/μm				
预紧应变值/με				
预紧力/N				
预紧刚度/(N/mm)				
预紧标定值/(με/N)				
加载形变值/μm				
加载应变值/με				
加载力/N				
加载刚度/(N/mm)				
加载标定值/(με/N)				

实测值

项目	螺栓拉力	螺栓扭矩	八角环	挺杆
预紧形变值/μm				
预紧应变值/με				
预紧力/N				
预紧刚度/(N/mm)				
预紧标定值/(με/N)				
加载形变值/μm				
加载应变值/με				
加载力/N				
加载刚度/(N/mm)				
加载标定值/(με/N)				

四、受轴向静载荷,螺栓与被连接件受力变形实测图与仿真图

五、受轴向变载荷,螺栓、八角环(被连接件)、挺杆受力波动曲线实测图与仿真图

六、受轴向变载荷,螺栓与被连接件受力变形实测图与仿真图

实验二　多功能螺栓组连接特性综合测试实验报告

班　　级		姓　　名		学　　号	
实验日期		成　　绩		指导教师	

一、实验目的

二、实验原理及设备

三、螺栓组静态特性实验数据

螺栓号	1	2	3	4	5	6	7	8	9	10
预紧应变/$\mu\varepsilon$										
第一次测试/$\mu\varepsilon$										
第二次测试/$\mu\varepsilon$										
第三次测试/$\mu\varepsilon$										
平均值/$\mu\varepsilon$										
负荷应变/$\mu\varepsilon$										
应力/1000										
预紧拉力 F_1/N										
实验拉力 F_2/N										
负荷拉力 F_3/N										

四、螺栓组连接静态受力图

实验三　带传动效率测试分析实验报告

班　　级		姓　　名		学　　号	
实验日期		成　　绩		指导教师	

一、实验目的

二、实验原理及设备

三、实验结果记录与计算

平带实验结果

测点	测定数据						计算数据				
	$L_1/$ mm	$Q_1/$ N	$L_2/$ mm	$Q_2/$ N	$n_1/$ (r/min)	$n_2/$ (r/min)	$T_1/$ (N・mm)	$T_2/$ (N・mm)	$\eta/$ (%)	$\varepsilon/$ (%)	$F/$ N
空载											
1											
2											
3											
4											
5											
6											
7											
8											
9											
10											

V 带实验结果

测点	测定数据						计算数据				
	$L_1/$ mm	$Q_1/$ N	$L_2/$ mm	$Q_2/$ N	$n_1/$ (r/min)	$n_2/$ (r/min)	$T_1/$ (N・mm)	$T_2/$ (N・mm)	$\eta/$ (%)	$\varepsilon/$ (%)	$F/$ N
空载											
1											
2											
3											
4											
5											
6											
7											
8											
9											
10											

圆带实验结果

测点	测定数据						计算数据				
	$L_1/$ mm	$Q_1/$ N	$L_2/$ mm	$Q_2/$ N	$n_1/$ (r/min)	$n_2/$ (r/min)	$T_1/$ (N·mm)	$T_2/$ (N·mm)	$\eta/$ (%)	$\varepsilon/$ (%)	$F/$ N
空载											
1											
2											
3											
4											
5											
6											
7											
8											
9											
10											

四、绘制弹性滑动曲线和效率曲线

（以 F 为横坐标，以 η、ε 为纵坐标，绘制在同一个坐标系中。）

五、实验结果分析

实验四　齿轮传动效率测试分析实验报告

班　　级		姓　　名		学　　号	
实验日期		成　　绩		指导教师	

一、实验目的

二、实验原理及设备

三、实验记录

1. 直齿圆柱齿轮实验数据

1）转速恒定数据

数据编号	转 速	输入力矩	输出力矩	效 率
1				
2				
3				
4				
5				
6				
7				
8				

2）输出力矩恒定数据

数据编号	转 速	输入力矩	输出力矩	效 率
1				
2				
3				
4				
5				
6				
7				
8				

2. 斜齿圆柱齿轮实验数据

1）转速恒定数据

数据编号	转　速	输入力矩	输出力矩	效　率
1				
2				
3				
4				
5				
6				
7				
8				

2）输出力矩恒定数据

数据编号	转　速	输入力矩	输出力矩	效　率
1				
2				
3				
4				
5				
6				
7				
8				

四、实验曲线

1. 直齿圆柱齿轮实验曲线

1）转速恒定

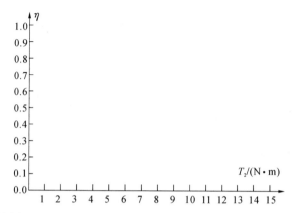

2）输出力矩恒定

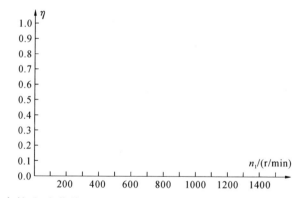

2. 斜齿圆柱齿轮实验曲线

1）转速恒定

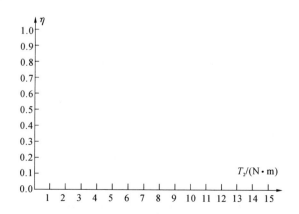

2）输出力矩恒定

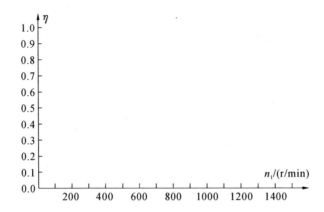

五、实验结果分析

实验五　流体动压滑动轴承性能测试实验报告

班　级		姓　名		学　号	
实验日期		成　绩		指导教师	

一、实验目的

二、实验原理及设备

三、实验记录与数据处理

1. 实验设备基本参数

项目	数值	项目	数值	项目	数值	项目	数值
轴颈直径 d/mm		轴承宽度 B/mm		润滑油动力黏度 η/(Pa·S)		润滑油温度 t/℃	

2. 测试油膜压力与绘制油膜压力分布曲线

1）数据记录

转速 n/(r/min)	负载 P/N	测点压力/kPa							
		1	2	3	4	5	6	7	8

2）绘制径向油膜压力分布曲线（请使用坐标纸绘制）

3）计算油膜承载能力和误差

$$P' = KBA\mu_A = \frac{2}{3}BA\mu_A$$

$$\frac{\Delta P}{P} = \left| \frac{P - P'}{P} \right| \times 100\%$$

3. 测量滑动轴承摩擦系数并绘制摩擦特性曲线

1）数据记录

$f_{max} =$

转速 $n/(\mathrm{r/min})$	10	20	40	80	120	160	200	240
支承反力 Q/N								
摩擦系数 f								
轴承特性数 $\eta n/P(\times 10^{-4})$								

2）绘制摩擦特性曲线

四、实验结果分析

（1）分析动压轴承的油膜形成过程及机理。

（2）分析动压轴承的油膜承载能力及其影响因素。

（3）分析摩擦特性曲线的变化规律及拐点的意义。

实验六　机械传动性能综合测试实验报告

班　级		姓　名		学　号	
实验日期		成　绩		指导教师	

一、实验目的

二、实验原理及设备

三、实验测试方案

1. 根据实验条件设计实验方案(绘制传动装置简图)

方案一:

方案二:

方案三:

四、实验数据处理

1. 方案一

表 1

测点	输入			输出			效率 η/ （%）
	转速 n_1/ （r/min）	转矩 M_1/ （N·m）	功率 P_1/ W	转速 n_2/ （r/min）	转矩 M_2/ （N·m）	功率 P_2/ W	
1							
2							
3							
4							
5							
6							
7							
8							
9							
10							
11							
12							

效率曲线

2. 方案二

表 2

测点	输入			输出			效率 $\eta/$ (%)
	转速 $n_1/$ (r/min)	转矩 $M_1/$ (N・m)	功率 $P_1/$ W	转速 $n_2/$ (r/min)	转矩 $M_2/$ (N・m)	功率 $P_2/$ W	
1							
2							
3							
4							
5							
6							
7							
8							
9							
10							
11							
12							

效率曲线

3. 方案三

表3

测点	输入			输出			效率 $\eta/$ (%)
	转速 $n_1/$ (r/min)	转矩 $M_1/$ (N·m)	功率 $P_1/$ W	转速 $n_2/$ (r/min)	转矩 $M_2/$ (N·m)	功率 $P_2/$ W	
1							
2							
3							
4							
5							
6							
7							
8							
9							
10							
11							
12							

效率曲线

五、实验结果分析

实验七　机械系统传动方案创新组合设计分析实验报告

班　级		姓　　名		学　　号	
实验日期		成　　绩		指导教师	

一、实验目的

二、实验原理及设备

传动路线	
传动方案 运动 示意图	
传动比及 运动参数	
传动特点 分析	

传动路线	
传动方案 运动 示意图	
传动比及 运动参数	
传动特点 分析	

普通高等院校"新工科"创新教育精品课程系列教材
教育部高等学校机械类专业教学指导委员会推荐教材

编审委员会

出版说明

　　为深化工程教育改革,推进"新工科"建设与发展,教育部于 2017 年发布了《教育部高等教育司关于开展新工科研究与实践的通知》,其中指出"新工科"要体现五个"新",即工程教育的新理念、学科专业的新结构、人才培养的新模式、教育教学的新质量、分类发展的新体系。教育部高等学校机械类专业教学指导委员会也发出了将"新"落实在教材和教学方法上的呼吁。

　　我社积极响应号召,组织策划了本套"普通高等院校'新工科'创新教育精品课程系列教材",本套教材均由全国各高校处于"新工科"教育一线的专家和老师编写,是全国各高校探索"新工科"建设的最新成果,反映了国内"新工科"教育改革的前沿动向。同时,本套教材也是"教育部高等学校机械类专业教学指导委员会推荐教材"。我社成立了以李培根院士、段宝岩院士、杨华勇院士、赵继教授、顾佩华教授为顾问,奚立峰教授、刘宏教授、吴波教授、陈雪峰教授为主任的"'新工科'视域下的课程与教材建设小组",为本套教材构建了阵容强大的编审委员会,编审委员会对教材进行审核认定,使得本套教材从形式到内容上保持高质量。

　　本套教材包含了机械类专业传统课程的新编教材,以及培养学生大工程观和创新思维的新课程教材等,并且紧贴专业教学改革的新要求,着眼于专业和课程的边界再设计、课程重构及多学科的交叉融合,同时配套了精品数字化教学资源,综合利用各种资源灵活地为教学服务,打造工程教育的新模式。希望借由本套教材,能将"新工科"的"新"落地在教材和教学方法上,为培养适应和引领未来工程需求的人才提供助力。

　　感谢积极参与本套教材编写的老师们,感谢关心、支持和帮助本套教材编写与出版的单位和同志们,也欢迎更多对"新工科"建设有热情、有想法的专家和老师加入到本套教材的编写中来。

华中科技大学出版社
2018 年 7 月

前　　言

为深入贯彻党的二十大精神,响应国家战略发展需求,适应高等院校机械类学科教育改革的需求,以培养高素质强国人才为使命,着力造就拔尖创新型人才,本书以机械设计课程实验方法为主线,对实验教学体系进行了新的构建。实验教学是机械设计课程教学中一个十分重要的环节,也是将理论教学和工程实际密切联系的一个重要环节。实验教学在教学过程中能够引导学生由被动学习走向主动学习,充分激发学生的积极性,对于培养动手能力、启发学生思维和创造力、提高操作技能和科学实验素质、锻炼分析问题和解决问题的能力,以及培养创新精神和创新能力具有重要的意义。

机械设计实验是机械类专业的一门主干技术基础实验课程,在机械类本科教学体系中占有十分重要的地位。因此,为了提高本课程的教学效果,必须有独立的教材与之相适应,本书力求在实验思维构建、实验操作、数据测量与分析处理、实验方法、机械创新设计等方面给予全面的指导,使学生在短时间内掌握机械类相关实验的基本理论,这对培养学生的分析问题、解决问题及实践创新能力都有着重要意义。

本书的编写人员如下:马俐(第3、4、6章)、王雪(第1、2章)、闫玉涛(第5章)。本书由马俐、王雪、闫玉涛担任主编。

由于编者的水平有限,书中难免有疏漏和不妥之处,敬请读者批评指正。

编　者

2023 年 6 月

目　　录

第1章 绪 论

1.1 实验课程的目的和意义

实验教学是理工科教学中的重要环节,是学生获取知识的重要途径,对培养学生实际动手能力、科学研究能力和创新能力具有非常重要的意义。在国家创新驱动发展战略背景下,新工科更注重实用性、创新性和交叉融合性,机械专业作为一门工程实践性和应用性较强的学科,实践教学更易于提高学生的工程实践能力和科技创新能力,培养学生具备面向新工科的知识储备和综合素质。创新型国家建设依赖创新型人才,创新型人才培养又取决于创新教育,特别是高校创新教育。培养具有创新精神和创新能力的人才,应该是高等教育的首要任务。在创新能力培养的过程中,实践教学起着无法替代的作用。实践是认知之本,是获取切身体验的重要途径;实践也是创新之根,是培养创新精神和创新能力的必由之路。而课程的实验教学是实践教学的重要组成部分,实验教学的成功与否,关系到学生创新能力培养的成败。

实验一般多指科学实验,是指按照一定的目的,运用相关的仪器设备,在人为控制条件下,模拟自然现象进行研究,认识自然界事物的本质和规律。实验可以纯化、简化或强化和再现科学研究对象,延缓或加速自然过程,为理论概括提供充分可靠的客观依据,可以超越现实生产所及的范围,缩短认识周期。纵观机械的发展史,人类从使用原始工具到原始机械、古代机械、近代机械乃至今天的智能机器人、宇航飞机等现代机械的过程,都历经了科学实验的探索和验证。随着科学技术的发展,科学实验的广度和深度不断拓展,科学实验具有越来越重要的作用,成为自然科学理论的直接基础。

科学实验是理论的源泉、科学的基础,是将新思想、新设想、新信息转化为新技术、新产品的孵化室,甚至是高科技转化为市场的中试基地。大专院校的绝大多数科研成果和高科技产品均是在实验室里诞生的,科学实验是探索未知、推动科学发展的强大武器,对经济持续发展、综合国力增强具有重要意义。

机械设计是工程训练和工程思维训练的最理想课程之一。从教学内容来看,机械设计相对后续课程有较强的理论性;并且,机械设计有许多设计尤其是创新设计方面的内容,与工程实际有比较密切的联系,是工程类大学生接触工程设计问题的"敲门砖"。实验教学是机械设计教学中一个十分重要的环节,和工程设计问题紧密相连。尤其是创新性实验在教学过程中能够充分调动学生的积极性,引导学生由被动学习走向主动学习,培养学生的动手能力,启发学生的思维和创造力,提高实验技能和科学实验素质,锻炼分析问题和解决问题的能力,进而达到培养创新精神和创新能力的目的。

1.2　实验课程的建设体系和内容

机械设计课程实验是机械类专业的一门核心基础实验课程,对加强学生机械产品设计能力、动力设计能力和创新能力的培养至关重要。而实践教学是机械设计课程的重要组成部分,它对于深入掌握机械设计课程理论知识、提高学生的动手实践能力具有重要的作用。因此机械设计实验教学不仅在机械设计课程的教学中占有重要的地位,在机械设计系列课程中也占有重要的地位。随着教学改革的不断深入,培养学生的实践动手能力越来越重要,国内重点学校正逐步将其列为独立的实践教学环节。为了适应教学发展的需要,提高课程的教学质量,必须有独立的实验教材与之相适应,对学生在实验方法和实验内容上给出全面的指导,使学生能够在有限的时间内掌握课程的基本内容,以提高综合设计和创新的能力。东北大学根据多年的实验教学体会和总结及充分调研,组织具有实验教学经验的教师编写本教材,该教材既符合实验教学情况,又具有很好的使用价值,主要对实验项目的实验目的、实验原理、实验设备和仪器、实验内容、实验要求等进行详细的分析和阐述,能够充分调动学生对待实验的积极性,对提高实验教学质量具有很大的帮助。

新的机械设计实验课程体系独立设置课程,采用单独考核方式,重视实验教学与科学研究、生产相结合。新的课程体系将实验分为基本型、综合型、设计型、创新型以及科技创新实验等几个部分。根据实验项目的内容、特点和教学基本要求,将实验项目分为必做和选做两种类型,必做实验和选做实验结合并行,为学生提供良好的锻炼机会和发展空间,注重学生的个性化培养,增强实验内容和选题的柔性和开放性。

　　根据课程体系建设,结合学校实验教学及拥有的实验仪器设备的实际情况,按照教学计划开展实验教学。实验项目的设置及要求如表 1.1 所示。

表 1.1　实验项目设置及要求

序号	实验项目	实验内容简介	学时	人数/组	类型	要求
1	螺栓连接静动态测试	了解螺栓连接在拧紧过程中各部分的受力情况;计算螺栓相对刚度,并绘制螺栓连接的受力变形图;验证受轴向工作载荷时,受预紧螺栓连接的变形规律及对螺栓总拉力的影响,分析影响螺栓总拉力的因素;通过螺栓的动载实验,改变螺栓连接的相对刚度,观察螺栓动应力幅的变化,以验证提高螺栓连接强度的措施	2	2	综合	必做
2	多功能螺栓组连接特性综合测试	测试螺栓组连接在翻转力矩作用下各螺栓所受的载荷;深化课程学习中对螺栓组连接受力分析的认识;初步掌握电阻应变仪的工作原理和使用方法	2	2	综合	必做
3	带传动效率测试分析	观测带传动中的弹性滑动和打滑现象,以及它们与带传递载荷之间的关系;比较预紧力大小对带传动承载能力的影响;比较分析平带、V 带和圆带传动的承载能力;测定并绘制带传动的弹性滑动曲线和效率曲线,了解带传动所传递载荷与弹性滑差率及传动效率之间的关系;了解带传动实验台的构造和工作原理,掌握带传动转矩、转速的测量方法	2	2	综合	必做
4	齿轮传动效率测试分析	测定齿轮传动效率,掌握测试方法;比较分析直齿圆柱齿轮与斜齿圆柱齿轮之间的效率,探究转速及负载对传动效率的影响,了解利用微机测试传动效率的原理;了解利用封闭式功率流测定机械传动效率的原理	2	2	基本	必做

序号	实验项目	实验内容简介	学时	人数/组	类型	要求
5	流体动压滑动轴承性能测试	观察径向滑动轴承流体动压润滑油膜的形成过程和现象;观察载荷和转速改变时径向油膜压力的变化情况;观察径向滑动轴承油膜的轴向压力分布情况;测定和绘制径向滑动轴承径向油膜压力曲线,求轴承的承载能力;了解径向滑动轴承的摩擦系数 f 的测量方法和摩擦特性曲线 λ 的绘制方法	2	2	综合	必做
6	机械传动性能综合测试	测试常见机械传动装置(带传动、链传动、齿轮传动、蜗杆传动等)在传递运动与动力过程中的参数(速度、转矩、传动比、功率、传动效率、振动等)及其变化规律,加深对常见机械传动性能的认识和理解;测试由常见机械传动装置组成的不同传动系统的参数曲线,掌握机械传动装置合理布置的基本要求;通过实验认识智能化机械传动性能综合测试实验台的工作原理,掌握计算机辅助实验的新方法,培养进行设计性实验与创新性实验的能力	4	2	设计	必做
7	机械系统传动方案创新组合设计分析	加深学生对带传动、滚子链传动、圆柱齿轮传动、圆锥齿轮传动、蜗杆蜗轮(上置式)传动、蜗杆蜗轮(下置式)传动、槽轮机构传动等的理解,提高学生对传动机构类型选择、传动方案布置等基本设计问题的处理能力;激励学生的学习主动性,培养学生的独立工作能力,引导学生进行积极思维、创新设计,培养学生综合设计能力和实践动手能力	4	2	创新	选做

1.3　实验课程的性质和任务

机械设计实验是一门技术基础课,是高等工科院校机械设计教学计划中的主要课程,是培养学生实验动手能力、综合运用知识分析和解决实际问题能力的重要途径。

本课程的主要任务如下。

（1）重视实践动手能力的培养。机械设计实验过程中会使用多种设备、仪器和工具，要求学生具有较强的实践动手能力。通过实验环节不仅能很好地培养学生学会正确使用各种仪器设备和工具，还能够培养学生注意细节的态度，掌握各种仪器设备和工具的使用规范与注意事项，掌握实验参数的测定方法及数据处理方法。

（2）理论与实践相结合，综合运用所学习的知识。在实验教学学习中，运用理论联系实际的方法分析和解决与课程有关的工程实际问题，巩固所学的理论知识，深化感性认识、运用基础理论、理解抽象概念。实验中的综合设计型实验需要有机结合多门学科知识并应用，实验中要注意多学科理论知识的应用，在理论指导下综合利用各种实验设备和仪器构思创新实验方案，培养实践能力。

（3）培养创新能力。实验课程中要有意识地对实验原理、实验过程、实验结果等进行思考和分析，充分发挥想象力，在培养动手能力的同时，培养创新能力，正确处理独创与继承的关系。

（4）培养团队合作精神。机械设计实验课程是一个实践性极强的教学环节，与工程实践密切相关，多种综合型、设计型及创新型实验需要学生之间通力合作完成，可以培养学生间的团结协作能力。

1.4　实验课程的要求和考核办法

1.4.1　实验课程的要求

（1）实验前做好本次实验的充分预习并写出预习报告，了解实验设备和仪器、实验目的、实验原理、实验方法。

（2）按时上课，不得迟到、早退或缺课，要提前十分钟进入实验室进行签到，并做好实验前的准备工作。

（3）认真独立地完成实验项目，并做好实验数据记录。实验过程中认真观察实验现象，要敢于探索创新，对实验测试实事求是，不允许主观臆断，弄虚作假。树立实验能验证理论，也能够发展和创造理论的观点。

（4）遵守操作规程，注意人身和设备仪器的安全，学生不严格遵守实验室安全操作规程、违反操作规程或不听从指导教师造成他人或自身受到伤害的，由本人承担责任，导致仪器损坏的应按照有关规定进行相应赔偿。

（5）实验过程中，要遵守实验室的各种规章制度，爱护仪器设备，不要做与实验无关的事情。

（6）实验测试结束后，及时关闭设备电源，经实验教师检查所测试数据及内容正确无误并盖章后，方可离开实验室。

（7）要保持实验室内和仪器设备的清洁与整齐美观，要保证工作台面的干净整洁。

（8）对实验结果进行分析、整理和计算，认真完成实验报告并及时上交，不得抄袭他人的实验记录和实验报告。

1.4.2　实验课程考核办法

作为独立设课的机械设计实验课程，教学大纲已经建立了详尽合理的考核标准和体系，可以考查学生对该课程内容的掌握情况等，成绩单独考核和记分。考核结果按五级分数制进行评定，即优秀、良好、中等、及格和不及格。每个实验分别从出勤情况、实验预习情况、实验过程中的操作和表现与实验报告质量 4 个方面对学生进行全面考核，最终综合评定给出学生实验总成绩。其中："优秀"约占 20％～25％；"良好"约占 50％，"中等"约占 20％～25％，"及格"和"不及格"约占 5％。

第 2 章　实验数据测量方法及常用传感器

2.1　概　　述

机械设计课程实验中的测试工作主要是对机械量进行测试,有时也对某些热工量进行测试。所谓机械量,通常是指力、力矩、压强、位移、速度、加速度、转速、功率、效率、摩擦系数、磨损量等。热工量主要是指温度、流体压力、流速、流量、物位等。测量一般是指使用计量器具测定各种机械量的过程和行为,是生产活动和工程技术不可或缺的技术基础。一个完整的测量过程应包括测量对象、计量单位、测量方法和测量精确度四个要素。

1. 测量对象

测量对象可以是力、长度、质量、时间、温度等基本物理量,也可以是速度、加速度、功率等导出量。

2. 计量单位

计量单位(简称单位)是为定量标示同种量的量值而约定采用的特定值。

3. 测量方法

测量方法是指测量时所采用的方法、计量器具和测量条件的综合。在实施测量过程时,应该根据测量对象的特点(如外形尺寸、生产批量、制造精度等)和测量参数的定义来拟定测量方案,选择测量器具和规定测量条件,合理地获得可靠的测量结果。测量方法有直接测量、间接测量、综合测量、单项测量、静态测量、动态测量、被动测量、主动测量、接触测量和非接触测量等。

1）直接测量

直接测量就是不需对被测量与其他实测量进行一定函数关系的辅助计算,直接得到被测量值的测量。直接测量又可分为绝对测量与相对(比较)测量。若由仪器刻度尺上读出被测参数的整个量值,则这种测量方法称为绝对测量,例如用游标尺、千分尺测量零件的直径。若仪器刻度尺指示的值只是被测参数对标准量的偏差,则这种测量方法称为相对(比较)测量,例如用量块调整比较仪测量直径。由于标准量是已知的,因此被测参数的整个量值等于仪器所指偏差与标准量的代数和。

2）间接测量

间接测量就是通过直接测量与被测参数有已知关系的其他量而得到该被测参数量值的测量。其精确度取决于有关参数的测量精确度,并与所依据的计算有关。例如,在测量大的圆柱形零件的直径时,可以先量出其圆周长,然后通过公式计算零件的直径。

3）综合测量

综合测量就是同时测量工件上的几个有关参数,从而综合判断工件是否合格。其目的在于限制被测工件在规定的极限轮廓内,以保证互换性的要求。例如,用极限量规检验工件、花键塞规检验花键孔等。

4）单项测量

单个、彼此没有联系地测量工件的单项参数称为单项测量。例如测量圆柱体零件某一剖面的直径,或分别测量螺纹的螺距或半角,多采用单项测量。

5）静态测量

静态测量时,被测表面与测量头是相对静止的。例如用千分尺测量零件直径。

6）动态测量

动态测量时,被测表面与测量头有相对运动,它能反映被测参数的变化过程。例如用激光比长仪测量精密线纹尺,用激光丝杠动态检查仪测量丝杠等。动态测量也是技术测量的发展方向之一,它能较大地提高测量效率和保证测量精度。

7）被动测量

被动测量指在零件加工后进行的测量。此时测量结果仅限于发现并剔除废品。

8）主动测量

主动测量指在零件加工过程中进行的测量。此时测量结果直接用来控制零件的加工过程,决定是否继续加工还是应调整机床或采取其他措施,因此采用主动测量能及时防止与消灭废品。由于主动测量具有一系列优点,因此是技术测量的主要发展方向。主动测量的推广应用将使技术测量和加工工艺紧密地结合起来,从根本上改变技术测量的被动局面。

9）接触测量

接触测量时,仪器的测量头与工件的被测表面直接接触,并有机械作用的测力存在,对零件表面油污、切削液、灰尘等不敏感,但由于有测力存在,零件表面、测量头以及计量仪器传动系统会发生弹性变形。

10）非接触测量

测量过程中仪器的测量头与被测量物体之间没有直接接触,如红外测温等。

4. 测量精确度

测量精确度是测量结果与真值的一致程度。任何测量过程不可避免地会出现测量误差,不考虑测量精度而得到的测量结果是没有任何意义的。对于每一个测量值都应给出相应的测量误差范围,说明测量结果的可信度。

2.2 计量器具的分类

计量器具可以按计量学的观点进行分类,也可以按器具本身的结构、用途和特点进行分类。根据用途和特点的不同,计量器具可分为标准量具、极限量规、检验夹具以及计量仪器等四类。

1）标准量具

这种量具只有某一个固定尺寸,通常是用来校对和调整其他计量器具或作为标准用来与被测工件进行比较的,如量块、直角尺、各种曲线样板及标准量规等。

2）极限量规

极限量规是一种没有刻度的专用检验工具,用这种工具不能得出被检验工件的具体尺寸,但能确定被检验工件是否合格。塞尺如图 2.1 所示。

图 2.1　塞尺

3) 检验夹具

检验夹具也是一种专用的检验工具,可配合各种比较仪,用来检查更多更复杂的参数。

4) 计量仪器

计量仪器是能将被测的量值转换成可直接观察的指示值或等效信息的计量器具。根据构造上的特点,计量仪器可分为以下几种。

(1) 游标式量仪。有游标卡尺、游标高度尺及游标量角器等。游标卡尺如图 2.2 所示。

图 2.2　游标卡尺

(2) 微动螺旋副式量仪。有外径千分尺、内径千分尺等。外径千分尺如图 2.3 所示。

(3) 机械式量仪。有百分表、千分表、杠杆比较仪、扭簧比较仪等。千分表、杠杆比较仪和扭簧比较仪分别如图 2.4、图 2.5、图 2.6 所示。

(4) 光学机械式量仪。有光学计、测长仪、投影仪、干涉仪等。

(5) 气动式量仪。有压力式、流量计式等。

(6) 电动式量仪。有电接触式、电感式、电容式等。

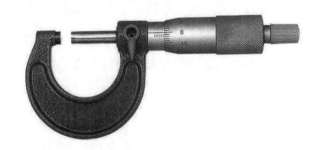

图 2.3　外径千分尺

图 2.4　千分表　　　　　　图 2.5　杠杆比较仪　　　　　图 2.6　扭簧比较仪

（7）光电式量仪。有激光干涉、激光图像、光栅式等。

2.3　基本物理量的测量

在机械工程领域有很多种物理量,最常见的基本物理量有力、力矩、位移、速度、加速度、温度、功率和流量等。这些物理量的组合体现了机械部件或机械系统状态的基本信息,对这些基本物理量的测量可以评判(直接或间接)机械系统的状态和属性。机械设计实验的主要内容就是对上述这些基本物理量进行测量。

2.3.1　力的测量

力的测量在机械工程领域的应用非常普遍,如物体运动过程中的摩擦力测量,机械加工过程中的切削力测量等。力的测量大多数是借助测力传感器来进行的。测力传感器的种类有很多,按工作原理可分为电阻应变式、压电式、电感式、电容式、压磁式和压阻式等,常用力的测量方法如下。

(1)电阻应变式测量:其测量原理基于电阻应变片受力产生应变而导致电阻变化;其特点是测量方便、简单、惯性小、频率响应好、温度特性稍差,测量范围为 N～MN,主要应用于静态、准静态、动态力的测量。

(2)压电式测量:其测量原理基于石英晶体受外力作用而产生电荷;其特点是灵敏度高、线性度好、动态特性好,测量范围为 mN～MN,主要应用于准静态、动态、瞬态力的测量。

(3)电感式测量:其测量原理基于弹性元件受力产生位移而导致电感量变化;其特点是灵敏度高、零点附近非线性大,测量范围为 mN～MN,主要应用于动态力的测量。

(4)电容式测量:其测量原理是受力元件作为电容的一部分,受力会导致电容变化;其特点是灵敏度较高,主要用于大载荷测量,测量范围为 N～MN,主要应用于静态、动态力的测量。

(5)压磁式测量:其测量原理是磁铁材料受力引起磁阻变化;其特点是抗干扰好、线性度好、适用于恶劣工况,用于大载荷测量,测量范围为 kN～MN,主要应用于静态、准静态力的测量。

(6)压阻式测量:其测量原理基于掺杂半导体材料受力产生电阻率变化;其特点是体积小、质量小、适合恶劣条件、受温度影响较大,测量范围为 mN～MN,主要应用于静态、动态力的测量。

2.3.2 位移、速度与加速度的测量

位移、速度、加速度是描述物体运动的重要参数。位移是一个基本测量量纲,可以直接测量,速度和加速度是导出量纲,需要间接测量。

位移分为直线位移和角位移;速度可分为线速度和角速度,也可分为瞬时速度和平均速度;加速度可以分为线加速度和角加速度,也可分为瞬时加速度和平均加速度。位移、速度、加速度的测量为其他机械量的测量提供了重要的基础,因而在机械测量中占有重要的地位。

1. 位移的测量

位移的测量是一种最基本的测量工作,它的特性是测量空间距离的大小。位移按照特征,可分为线位移和角位移。线位移是指机构沿某一条直线移动的距离,角位移是指机构沿着某一定点转动的角度。常用的位移测量方法如下。

(1) 光栅位移测量:其测量原理是莫尔条纹的位移放大作用,分辨率为 0.1 μm,其特点是可实现动、静态数字化测量,精度高,适用于线位移和角位移测量。

(2) 电感式测量:其测量原理是莫尔条纹的位移放大作用,分辨率为 0.1 μm,其特点是可实现动、静态接触测量,适用于线位移测量。

(3) 电容式测量:其测量原理是基于位移量变化而导致的极板电容量改变,分辨率为0.01 μm,其特点是可实现动、静态接触测量,适用于小范围线位移测量。

(4) 压电式测量:其测量原理是基于石英晶体的压电效应而产生的电荷变化,分辨率为0.1 μm,其特点是可实现动态、小位移测量。

(5) 电阻式测量:其测量原理是基于位移量变化导致的电阻值变化,分辨率为0.1 μm,其特点是可实现动、静态测量,简单,方便,适用于线位移和角位移测量。

(6) 电涡流式测量:其测量原理基于电涡流效应,将非电量转换为阻抗变化,分辨率为0.1 μm,其特点是结构简单、体积小、抗干扰能力强、灵敏度高,可实现非接触测量。

(7) 角度编码器测量:编码盘上有细微刻线(孔),根据光线透过和遮蔽情况,通过脉冲计数或计时实现测量,分辨率为 360/6000,测量范围为 0°~360°,适用于精密角位移测量。

2. 速度的测量

速度的测量分为线速度和角速度的测量。

1) 线速度的测量

线速度(m/s)的测量方法主要有光束切断法、相关法和多普勒频移法。

(1) 光束切断法。光束切断法是一种非接触式测量方法,测量精度较高,主要适用于定尺寸材料的平均线速度测量。其由两个距离为 L 的检测器实现速度检测。检测器由光源和光接收元件组成。被测物体以速度 v 行进时,它的前端在通过第一个检测器时,由于物体遮断光线而产生输出信号,由这个信号驱动脉冲计数器,计数器计数至物体到达第二个光学检测器时刻,检测器发出停止脉冲计数信号。由检测器间距

L、计数脉冲周期 T 和个数 N，可求出物体的行进速度，即 $v=\dfrac{L}{NT}$。

（2）相关法。相关法测量线速度是利用随机过程互相关函数确定运动时间进行的，相关测速仪主要由两个相距 L 的相同传感器（如光电传感器、超声波传感器）、可控延时环节、相关运算环节、相关函数峰值自动搜索跟踪环节和除法运算环节等组成。

（3）多普勒频移法。多普勒频移法是根据物理学中的多普勒效应，即当光源和发射体（或散射体）之间存在相对运动时，接收频率与入射频率存在差异的现象来测量的。当一束单色光入射到运动的物体上某点时，光波在该点被散射，散射光频率相对于入射频率，产生正比于物体运动速度的频率偏移，通过测量该频率偏移可得到物体的运动速度。该方法的测量范围为 $0\sim100$ m/s，测量的分辨力可达 1 mm/s。

2）角速度的测量

角速度又可称为转速（rad/s），在机械系统中，大量采用回转体部件，因而转速测量在机械测量中占据非常重要的地位。常用的转速测量方法有机械法、闪频法、光电法、磁电法等。

（1）机械法。机械法测量转速最常用的装置是离心式转速表，离心式转速表的工作原理主要是离心力和拉力之间的相互作用。通过传动系统带动指示部件，来对被测物体的转速进行指示。离心式转速表在测量机械设备的转速时，转轴会随着被测对象转动，并带动离心器上的重物进行旋转运动，而重物在惯性离心力的作用下就会离开轴心，传动系统受重物的拉力后，就会带动指针从零刻度开始移动。离心式转速表的弹簧会对受离心力作用的重物施加反作用力，当离心力和拉力之间达到平衡时，传动系统的受力不再增加，指针的移动也就停止，指针稳定后所指示的刻度值，即为被测对象的转速值。离心式转速表适用于低、中、高速测量，可靠耐用，体积小。

（2）闪频法。物体在人的视觉中消失后，人的眼睛能保留一定时间的视觉印象（视后效），通常光度条件下，视后效的持续时间为 $1/15\sim1/20$ s，因而若来自被观察物体的刺激信号是脉冲信号，且脉宽小于 $1/20$，则视觉印象来不及消失，从而给人以连续而固定的假象，这种现象称为闪频效应。

闪频法测量转速就是根据闪频效应，用一个频率连续可调的闪光灯照射被测旋转轴上的某一固定标记，调节闪光频率，直到旋转轴上出现一个单定像为止，这时便可从电子计数器或圆刻度盘上读出被测的转速。闪频法适用于中、高速测量，测量特点是没有扭矩损失。

（3）光电法。光电法测量转速的原理是光源发射出的光被待测目标反射或透射后，由光敏元件接收，产生相应的电脉冲信号，经过处理得到转速。光电法适用于中、高速测量，没有扭矩损失，测量简单、操作方便，且精度高，因而得到广泛应用。

（4）磁电法。横穿导磁体的磁通发生变化时，该导体内将产生电动势，这种现象称为电磁感应作用，产生的电压称为感应电动势。测速发电机是利用电磁感应原理制成的一种把转动的机械能转换成电信号输出的装置，其核心为一对定子和转子，转子与被测旋转轴连接，当其旋转时切割磁力线产生感应电动势，感应电动势的大小与转速成正比，从而通过测量输出电压即可测得转速。测速发电机与普通发电机不同之处是它有较好的测速特性，例如，输出电压与转速之间呈较好的线性关系，有较高的灵敏度等。测速发电机分为直流和交流两类。磁电法主要用于测量发电机的转速，适用于中、高速测量，机构复杂，精度高。

3. 加速度的测量

加速度是表征物体在空间运动本质的一个基本物理量。因此，可以通过测量加速度来测量物体的运动状态。加速度测量被应用于现代生产生活的许多方面，如手提电脑的硬盘抗摔保护，数码相机和摄像机中的手部振动检测等。加速度测量也有两类：一种是角加速度测量，测量装置主要是由陀螺仪（角速度传感器）改进而来的；另一类就是线加速度测量。

常用的加速度测量方法如下。

1）压电式加速度测量

压电式加速度传感器在加速度测量中非常普遍，属于惯性式传感器。压电式加速度传感器是基于压电晶体的压电效应工作的。某些晶体在一定方向上受力变形时，其内部会产生极化现象，同时在它的两个表面上产生符号相反的电荷，在外力去除后，又重新恢复到不带电状态，这种现象称为"压电效应"，具有压电效应的晶体称为压电晶体。常用的压电晶体有石英、压电陶瓷等。压电式加速度传感器的原理是利用压电陶瓷或石英晶体的压电效应，在加速度计受振时，质量块加在压电元件上的力随之变化。当被测振动频率远低于加速度计的固有频率时，力的变化与被测加速度成正比。压电式加速度传感器具有较宽的测量范围和优良的频响特性，通常不用于进行稳态加速度测量。

2）电容式加速度测量

电容式加速度传感器是目前比较通用的加速度传感器。它将由弹簧片支撑的质量块作为差动电容器的活动极板，并利用空气阻尼。电容式加速度传感器的特点是频率响应范围宽，测量范围大，在某些领域无可替代，如安全气囊、手机移动设备等。电容式加速度传感器采用微机电系统（MEMS）制造工艺，在大量生产时将变得经济，从而具有较低的成本。

3）压阻式加速度测量

压阻式加速度传感器是最早开发的硅微加速度传感器，弹性元件的结构形式一般均采用硅梁外加质量块的形式，质量块由悬臂梁支撑，并在悬臂梁上制作电阻，连接成测量电桥，利用压阻效应来检测加速度。在惯性力作用下质量块上下运动，悬臂梁上电阻的阻值在应力的作用下而发生变化，引起测量电桥输出电压变化，以此实现对加速度的测量。压阻式硅微加速度传感器的典型结构形式有很多种，有悬臂梁、双臂梁和双岛梁等结构形式。

压阻式加速度传感器体积小、频率范围宽、测量范围宽，可直接输出电压信号，低功耗，易于集成在各种模拟和数字电路中，不需要复杂的电路接口，大批量生产时价格低廉，可重复生产性好，可直接测量连续的加速度和稳态加速度，但对温度的漂移较大，对安装和其他应力较敏感，广泛应用于汽车碰撞实验、测试仪器、设备振动监测等领域。

4）应变式加速度测量

应变式加速度传感器的工作原理是，当传感器随被测物体运动时，悬臂梁在惯性力的作用下发生弯曲变形，使贴在悬臂梁上的应变片产生的应变值与运动加速度成一定比例，通过测量应变的变化即可得到被测加速度。

与压电式加速度传感器相比，应变式加速度传感器频响较低，比较适用于稳态加速度测量。

2.3.3　温度的测量

温度是表征物体冷热程度的物理量，是工业中一个重要而又普遍的参数。机械系统的行为，以及系统中部件材料的性能与温度密切相关，而系统中零部件表面和内部的温度变化直接反映了系统的能量和系统状态的变化。在许多生产过程中，常常需要使物料和设备的运转状态处于一定的温度范围,因此,温度的测量和控制对保证产品质量、提高生产效率、节约能源起着非常重要的作用。

1. 温标

用来度量物体温度数值的标尺称为温标。它规定了温度的读数起点(零点)和测量温度的基本单位。目前国际上用得较多的温标有华氏温标、摄氏温标、热力学温标。

(1) 华氏温标(℉):1715 年由德国物理学家 Fahrenheit 提出,他将水、冰和氯化铵混合物的平衡温度定义为 0 ℉,冰的熔点为 32 ℉,水的沸点为 212 ℉。

(2) 摄氏温标(℃):1742 年由瑞典天文学家提出,他将水的冰点和沸点分别定为 0 ℃和 100 ℃。

(3) 热力学温标(K):1828 年由英国物理学家 Kelvin 提出,他将水的三态点的热力学温度的1/273.16定义为 1 K,国际单位制以此为基础。

2. 温度测量

温度不像长度、质量等基本物理量,不能通过与标准量的比较而直接测出。自然界物质的许多物理特性如长度、电阻、容积、热电势、磁性能、频率和辐射功率等都与温度有关。测温就是通过测量物质的某些物理参数随温度的变化而间接地测量温度的。

接触式测温与非接触式测温各有特点。接触式测温结构简单,稳定可靠,测量精确,成本低,可以测得物体的真实温度,而且还可以测得物体内部某点的温度。但滞后现象一般较大,且不适用于测量小物体、腐蚀性强的物体,以及运动着物体的温度。由于受耐高温材料限制,一般不用于测量很高的温度。这类传感器主要有热膨胀式温度计、热电阻、热电偶等。非接触式测温是通过被测对象的热辐射进行的,反应速度快,适用于测量高温和有腐蚀性的物体,也可以测量导热性差的、微小目标的、小热容量的、运动的物体,以及各种固体、液体表面温度。但由于受物体的发射率、被测对象与仪器之间距离、烟尘和水蒸气等因素影响,测温准确度较差,使用也不甚方便。这类传感器主要有辐射温度计、光学高温计、红外温度计等。

3. 常用测量方法

1) 热膨胀式温度测量

热膨胀式温度测量是利用物体体积随温度变化发生改变的性质进行测温的,多用于现场温度测量和显示。通常选用体积对温度变化敏感的物质做温度计,按选用物质的不同,分为液体膨胀式、气体膨胀式和固体膨胀式三大类。这类温度计结构简单,制造和使用方便,但结构脆弱、易坏,不适于远距离测温,不能无接触测温。

(1)玻璃管液体温度计。玻璃管液体温度计是通过测量封闭在细玻璃管温泡内的液体(如水银、酒精等)在温度变化时,由热胀冷缩引起的液柱升高和降低程度来测量温度的,一般用于低温和中温的测量。它是最常用的一类温度计,其特点是结构简单、价格便宜、测量直观。

(2)压力式温度计。压力式温度计是利用封闭在高导热材料壳体(温包)内部的液体、气体或某种液体的饱和蒸汽受热后体积膨胀,压力随温度变化的线性关系,通过测量压力的变化来测温的。压力式温度计易受周围环境温度的影响,测量精确度不是很高,且由于气体、液体的导热性较差,传递压力的滞后现象严重,不适用于物体温度变化较快的场合。

(3)双金属温度计。双金属温度计的测量元件由线膨胀系数不同的两种金属片压制而成,利用温度改变时两者伸长变形的差值来测量温度的变化,主要用于测量气体和液体的温度。当温度变化时,因两种金属的线膨胀系数不同,双金属片会发生弯曲,弯曲变形的程度与温度高低成比例,通过杠杆把金属片的弯曲变成指针的偏转角,指示出被测温度值。其特点是坚固、不易损坏、读数方便、价格便宜等。在温度测量时,为了提高仪器的灵敏度,通常增加双金属片的长度,将双金属片制成螺旋形。

2)电阻式温度测量

电阻式温度测量是利用导体或半导体的电阻值随温度变化而发生变化的特性来测量温度的。电阻式温度计包括纯金属电阻温度计、合金电阻温度计和半导体温度计三类。

(1)纯金属电阻温度计。金属材料具有较大的电阻温度系数,当温度发生变化时,电阻值会随之发生改变,电阻温度系数越大的金属,对温度变化越敏感。电阻元件通常是金属丝,缠绕在玻璃、陶瓷或云母等绝缘材料的载体上。常用的金属有铂、铜和镍等。

(2)合金电阻温度计。通常,合金的电阻率远大于纯金属的本征电阻率,合金的电阻温度系数也较小,对温度变化不敏感。但也有些含有磁性元素的合金,如铑铁合金、铂钴合金等,对温度变化敏感,因此,可以利用这类合金制备测温元件,称为合金电阻温度计。由于合金通常比纯金属具有更高的强度和更好的抗高温氧化性,因此,在一些特殊场合,合金电阻温度计具有一定的优势。常用的合金电阻温度计有铑铁合金温度计、铂钴合金温度计等。

（3）半导体温度计。一般情况下,本征半导体如硅、锗等在较低温度下具有较高的电阻率,对温度变化不敏感,但在掺杂某些其他元素（如砷、锑等）后,其导电能力大大增强,对温度变化敏感。通常情况下,掺杂半导体的电阻随温度升高而降低,可以利用这一特点制成测温元件,称为半导体温度计。半导体温度计灵敏度高,尤其在低温区,其温度灵敏性大大高于金属电阻温度计,因而半导体温度计常用于低温测量。

3）热电偶式温度测量

热电偶测温是目前应用最广泛的一种测温方法。它是利用材料的热电效应实现温度测量的,将两种不同的金属导体丝两端分别焊接在一起组成一个闭合回路,当回路两接点存在温差时,回路中就会产生电流,这个现象称为热电效应,相应的热电动势称为温差电动势。热电偶测温简单、可靠、灵敏度高、测量范围广,而且热电偶丝可以做得很小,可以用来测量小尺度范围内的温度变化,因此,其应用范围非常广泛。

4）红外测量

红外测温属于非接触式测温。它的理论基础是普朗克黑体辐射定律,对于一个理想化的辐射体（黑体）,它能吸收所有波长的辐射能量,没有反射和透射的能力,因此,通过测量物体自身辐射的红外能量,便能测得物体表面的温度。

红外测温仪的核心是探测元件,探测元件有热敏型和光电型两种。热敏探测器由热敏电阻和热释放元件组成,它把接收到的红外辐射能转变为热能,引起探测元件本身温度的变化,产生热电效应,对电信号进行放大处理,即可测得被测物体的温度。光电探测器基于探测元件吸收光子后发生的电现象来测量温度,包括光电二极管和光电倍增管等部件。

2.3.4　转矩的测量

使机械元件转动的力矩或力偶称为转动力矩,简称转矩。力矩是由一个不通过旋转中心的力对物体进行作用形成的,而力偶是一对大小相等、方向相反的平行力对物体进行作用形成的。所以转矩等于力与力臂或力偶臂的乘积。在国际单位制（SI）中,常用的转矩单位是牛·米（N·m）,功率的单位是焦耳每秒（J/s）或瓦（W）。转矩是机械系统中各种旋转机械和动力机械的基本载荷形式,与动力机械的工作能力、能源消耗、效率、运转寿命及安全性能等因素紧密联系,因此,转矩的测量对于传动部件的结构和强度设计、机械系统动力消耗的控制、原动机的选择设计等都具有重要意义。转矩常常与机械功率关联在一起,转矩测量装置也常称为测功计。机械元件在转矩作用下都会产生一定程度的扭转变形,故转矩有时又称为扭矩。

转矩通常根据弹性元件或转轴受到扭转力矩时所发生的物理量(应力、应变、磁阻等)的改变来测量。根据传感器原理的不同,可以分为应变法、形变法、扭磁法、相位差法和光电法等。

(1)应变法。应变法通过弹性元件在传递转矩时所产生的应变(如角位移等)来测量转矩值,测量范围通常为 $10^{-3} \sim 10^4$ N·m,测量误差可控制在 5% 以内。

(2)形变法。形变法根据弹性元件在传递转矩时所产生的形状改变(如角位移等)来测量转矩值。

(3)扭磁法。扭磁法基于转轴受扭产生应变而产生的磁弹性效应来测量转矩值。

(4)相位差法。相位差法依据测量同一轴上不同位置电信号之间的相位差来实现转矩的测量,测量范围通常为 $10^{-2} \sim 10^5$ N·m,测量误差可控制在 0.1% 以内。相位差法测量转矩可分为光电式和磁电式两类。

(5)光电法。采用光电法时,在转轴上固定两个圆盘光栅,在不承受扭矩时,两光栅的明暗区正好互相遮挡,光源的光线无法透过光栅照射到光敏元件,无输出信号。在转轴受扭矩后,转轴变形将使两光栅出现相对转角,部分光线透过光栅照射到光敏元件上产生电压信号。扭矩越大,扭转角越大,穿过光栅的光通量越大,电压信号越强,从而实现扭矩测量。

2.3.5 功率的测量

功率的测量在机械工程领域非常普遍,很多设备,如变速箱、传动装置、电动机、发电机、内燃机和泵等机械系统都需要进行功率测量,以评定其动力特性和传动效率。测功设备(测功器)主要有机械式、水力式、电力式和电涡流式等。对于测量机械输出扭矩或驱动扭矩的装置,如果同时测出机械的扭矩和转速,则可算出机械的输出功率或驱动功率。

　　常用的测功器有机械式测功器、磁粉制动器、磁滞测功器、水力测功器、电力测功器、液压加载器和电涡流测功器等,都属于吸收式测功器(吸收动力端发出的功率)。磁粉制动器适用于低转速场合;磁滞测功器主要用于小转矩、高转速条件下的功率测量;电涡流测功器和水力测功器用于高转速、大转矩测功;液压加载器常用于大功率测量。有些测功器既可吸收被测机械的机械能而测定其输出功率,又可放出能量测定机械的驱动功率。

　　机械式测功器结构简单,但因摩擦系数不稳定等缺点已很少使用。水力式、电力式或电涡流式测功器均有一个与被测机械相连接的转子和一个可绕固定轴转动的定子。当转子由被测机械带动时,在水摩擦力或电磁力的作用下,定子也随之转动,经过定子臂杆、杠杆和摆锤式测力计,定子稳定在平衡位置,测得其制动力。

　　水力测功器,又称为涡流测功器,通过一个水力制动器对输出功率的动力端施加一个反转矩吸收功率,利用转动的水轮与壳体内水之间的摩擦吸收被测机械的功率。使用时,将水轮与被测机械轴连接起来,使之带动水轮转动。自由地支承在轴承上的测功器外壳,在水摩擦力作用下,也随之转动,通过同时测量输出的转矩和转速,即可得到功率值。

　　电力测功器既能测量机械的有效输出功率,又能测量机械的驱动功率。其中,直流测功器是应用较多的一种。测量输出功率时,将测功器转子与被测机械连接起来,于是机械能变成电能而发电。电能消耗在外部的电阻器上,交流测功器发出的电可反送到电流网路上。

　　电涡流测功器精度高且有较宽的转速与功率调节范围。它的工作原理是可转动的定子绕组内通有电流,当电感器由被测机械通过轴带动旋转时,由于磁通的变化会感生电动势,产生的电涡流引起制动作用,因而这种测功器只能测量有效输出功率。由于电涡流测功器吸收的功率全部变成涡流环的温升,故需要相应的冷却系统。

2.3.6　流量测量

　　流量是工业生产过程及检测与控制中一个很重要的参数,凡是涉及具有流动介质的工艺流程,无论是气体、液体还是固体粉料,都与流量的检测与控制有着密切的关系。流量有两种表示方式,即瞬时流量、累积流量;前者是单位时间内所通过的流体体积或质量,后者是在某段时间间隔内流过流体的总量。

从测量方法上讲,流量测量装置可以分为两大类。

(1)直接测量:即从流量的定义出发,同时测量流体流过的体积(质量)和时间。

(2)间接测量:即测量与流量有关的其他物理参数并算出流量值。

直接测量可以得到较准确的结果,所得测量结果是在某一时间间隔内流过的总量。在瞬时流量不变的情况下,用这种方法可以求出平均流量,但这种方法不能用来测量瞬时流量。一般流量测量装置以间接测量为基础,然后用计算方法确定被测参数与流量之间的关系。

流量计按测量的原理,可分为差压式流量计、转子流量计、容积式流量计、涡轮流量计、旋涡流量计、电磁流量计和超声波流量计等。

2.4　常用传感器

2.4.1　测试系统的组成

测试系统分为监测系统和监控系统两类。监测系统一般由传感器、信号调理模块、模-数转换模块、信号分析处理模块和显示记录模块等几大部分组成,仅实现对被测量的测量。监控系统除了包含监测系统的几部分外,还有反馈控制、数-模转换和激励装置,在实现测量的同时实现对被测量的控制,如图2.7所示。

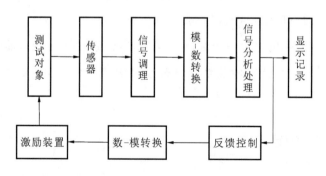

图 2.7　测试系统的组成

测试对象的信息,即测试对象存在方式和运动状态的特征,需要通过一定的物理量表现出来,这些物理量就是信号。信号需要通过不同的系统或环节传输。有些信息在测试对象处于自然状态时就能显现出来,有些信息则需要在被测对象受到激励后才能产生便于测量的输出信号。

传感器是对被测量敏感并能将其转换成电信号的器件,包括敏感器和转换器两部分。敏感器把温度、压力、位移、振动、噪声和流量等被测量转换成某种容易变换成电量的物理量,转换器把这些物理量转换成容易检测的电量,如电阻、电容、电感的变化。信号指的是这些被转换成电量的物理量。

信号调理环节把传感器的输出信号转换成适合于进一步传输和处理的形式。这种信号的转换多数是电信号之间的转换,例如,把阻抗变化转换成电压变化,或者把幅值变化转换成频率变化等。信号分析处理环节对信号进行各种运算、滤波和分析。

模-数(A-D)转换和数-模(D-A)转换环节是在采用计算机、PLC 等测试和控制系统时,进行模拟信号与数字信号相互转换的环节。显示记录环节则是将来自信号处理环节的信号测试结果以易于观察的形式显示或存储。

2.4.2　常用传感器分类

传感器种类繁多,同一被测量可用不同类型传感器来检测,同一原理的传感器又可以测试不同的被测量。因此,传感器可按被测对象分类,如位移传感器、速度传感器、压力传感器等;也可按工作原理分类。本节按传感器工作原理分类,介绍传感器的工作原理及其主要应用。常用的将机械量直接转换为电量的传感器有以下几种。

（1）电阻式:如电阻应变计(片)、滑线变阻器等。

（2）电感式:按变换原理有自感式、互感式和电涡流式等;按结构形式有变气隙式、变截面式和螺旋管式等。

（3）电容式:有可变间隙型和可变面积型等。

（4）磁电式:有恒定磁通式和变磁通式。

（5）压电式:有单晶压电晶体和多晶压电陶瓷。

（6）光电式:有模拟式和数字式。

2.4.3　电阻应变式传感器

1. 电阻应变片的结构及特点

电阻应变式传感器的传感元件是电阻应变片。图 2.8 所示为电阻应变片的基本结构,它是由一根具有高电阻率的金属丝(康铜或镍铬合金等,直径为 0.025 mm 左右)制成的,为了获得高电阻,将电阻丝绕成栅形,称为敏感栅,粘贴在绝缘的基片和覆盖层之间,电阻丝的两端焊有引线。应变片的规格一般用使用面积 $l \times b$ 和电阻值来表示,如"3×10 mm^2,100 Ω"。

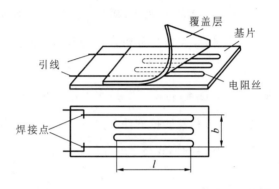

图 2.8　应变片的基本结构

在测试时,将应变片用黏合剂牢固地粘贴在试件表面上。当试件受力产生应变时,电阻丝也随着变形,因而导致电阻发生变化,通过测量电路(如电阻应变仪)将其测量出来。因此电阻应变式传感器可以用于测量应变、力、位移、加速度、扭矩等参量。

电阻应变片是机械量电测技术中非常重要而且应用很广的传感元件,它的特点为:①性能稳定、精度高,高精度力传感器的精度一般可达 0.05%,特别的精度可达 0.015%;②测量变形范围大,既可测弹性变形,也可测塑性变形,例如,压力传感器的量程为 0.03～1000 MPa,力传感器的量程为 $10^{-1} \sim 10^6$ N;③频率响应性较好;④尺寸小,重量轻,便于多点测量,使用简便,价格低,使用寿命长;⑤对环境条件适应能力强,如高温、超低温、高压、水下、强磁场、核辐射等。

2. 金属电阻应变片工作原理

金属导体在外力作用下发生机械变形时,其电阻值随着机械变形而发生变化的现象,称为金属的电阻应变效应。以金属材料为敏感元件的应变片测量试件应变的原理是金属丝的电阻应变效应。若金属丝未受力时的电阻为 R,导线长度为 L,横截面积为 A,电阻率为 ρ,则

$$R = \rho \frac{L}{A} \tag{2.1}$$

电阻丝随试件受力变形时,L、A、ρ 均将变化,因此有

$$\frac{\mathrm{d}R}{R} = \frac{\mathrm{d}\rho}{\rho} + \frac{\mathrm{d}L}{L} - \frac{\mathrm{d}A}{A} \tag{2.2}$$

对于圆形截面电阻丝,有 $A = \pi r^2$,则有

$$\frac{\mathrm{d}A}{A} = 2 \frac{\mathrm{d}r}{r} \tag{2.3}$$

根据材料力学知识:

$$\frac{\mathrm{d}r}{r} = -\mu \frac{\mathrm{d}L}{L} = -\mu\varepsilon \tag{2.4}$$

式中:$\varepsilon = \dfrac{\mathrm{d}L}{L}$ 为电阻丝轴向应变;μ 为电阻丝泊松比。

有

$$\frac{\mathrm{d}R}{R} = (1 + 2\mu)\varepsilon + \frac{\mathrm{d}\rho}{\rho} = \left(1 + 2\mu + \frac{\mathrm{d}\rho}{\varepsilon\rho}\right)\varepsilon = k_0 \varepsilon \tag{2.5}$$

式中:$k_0 = 1 + 2\mu + \dfrac{\mathrm{d}\rho}{\varepsilon\rho}$,为金属丝的灵敏系数,其物理意义是单位应变所引起的电阻变化率。对于大多数金属丝,$\dfrac{\mathrm{d}\rho}{\varepsilon\rho}$ 变化很小,在弹性限度内 $(1 + 2\mu)$ 近似为常量,故 k_0 值可近似为常量,则电阻变化率 $\dfrac{\mathrm{d}R}{R}$ 与应变 ε 成正比,这就是电阻应变片将机械量-应变转换为电量-电阻变化率的工作原理。通常金属电阻丝的 $k_0 = 1.7 \sim 4.6$。电阻应变片中的电阻丝被制成丝栅状,由于形状发生了改变,应变片的灵敏系数一般低于金属丝,记为 k。

2.4.4 电感式传感器

电感式传感器基于电磁感应原理,使被测非电量(如位移、振动、压力、应变、流量、比重等)变换为电感量,再通过测量电路转化为电压或电流的变化,实现被测非电量到电量的转换。电感式传感器种类很多,按变换方式的不同,可分为自感式和互感式两类,利用自感原理的是自感式传感器,利用互感原理的是互感式传感器。自感式传感

器有变气隙式、变截面式和螺管式等;互感式传感器也有变气隙式和螺管式等。通常所说的电感式传感器是指自感式传感器(包括可变磁阻式和涡流式)。而互感式传感器由于利用变压器原理,并常制成差动式,故常称为差动变压器式传感器。

电感式传感器的优点:①分辨率较高,最小刻度值可达 $0.1~\mu m$;②测量精度高,输出的线性度可达$\pm0.1\%$;③零点稳定,最高为 $0.1~\mu m$;④输出信号较大,不用放大器时也有$0.1\sim5~V/mm$ 的输出值;⑤结构简单、可靠、电磁吸力小。

电感式传感器的缺点:传感器本身频率响应低,不适用于快速动态测量;测量范围大时分辨率低。

1. 自感式传感器

可变磁阻式传感器为自感式传感器,它的结构原理如图 2.9 所示,传感器主要由铁芯、线圈和衔铁组成。在铁芯与衔铁之间有气隙 δ。衔铁与被测件相连,当被测件产生位移时,气隙 δ 发生变化使磁路的磁阻发生变化,从而使线圈电感值发生变化。若线圈匝数为 N,气隙导磁面积为 A_0,空气磁导率为 μ_0,忽略铁芯磁阻,则自感系数为

$$L = \frac{N^2}{R_m} = \frac{N^2 \mu_0 A_0}{2\delta} \tag{2.6}$$

式中:$R_m = 2\delta/(\mu_0 A_0)$ 为磁路的磁阻。由式(2.6)可知,自感系数 L 与气隙 δ 成反比,与气隙导磁面积 A_0 成正比,固定 A_0 不变,改变气隙 δ,可构成变气隙式传感器。

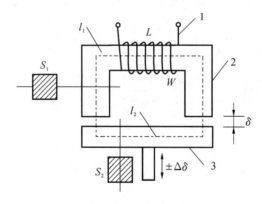

图 2.9 可变磁阻式传感器

1—线圈;2—铁芯;3—衔铁

2. 互感式传感器

互感式传感器的工作原理是利用电磁感应中的互感现象,将被测位移量转换成线

圈互感的变化。它本身是一个变压器，其一次绕组接入交流电源，二次绕组为感应线圈，当一次绕组的互感变化时，输出电压将相应变化。由于常采用两个二次绕组组成差动式结构，故又称为差动变压器式传感器，实际常用的为螺管式差动变压器。传感器由一次绕组 ω 和两个参数完全相同的二次绕组 ω_1、ω_2 组成。线圈中心插入圆柱形铁芯 p，二次绕组 ω_1、ω_2 反极性串联。当一次绕组 ω 加交流电压时，如果 $e_1 = e_2$，则输出电压 $e_0 = 0$；当铁芯向上运动时，$e_1 > e_2$；当铁芯向下运动时，$e_1 < e_2$。铁芯偏离中心的距离越大，e_0 就越大。

差动变压器式传感器的优点：测量精度高，可达 0.1 μm，线性范围大，可达 ±100 mm，使用方便，稳定性好，被广泛用于测量直线位移，也可以测量与位移有关的机械量，如应力、加速度、振动和厚度等。

2.4.5　电容式传感器

1. 电容式传感器工作原理

电容式传感器将可变电容器作为传感元件，将被测量变换成电容变化量。对于平板电容器，由物理学可知，其电容量为

$$C = \frac{\varepsilon \varepsilon_0 A}{\delta} \tag{2.7}$$

式中：A 为极板覆盖面积，mm^2；δ 为两极板间距离，mm；ε_0 为真空中介电常数，$\varepsilon_0 = 8.854 \times 10^{-12}$ F/m；ε 为极板间介质的相对介电系数，对于空气，$\varepsilon = 1$ F/m。

式（2.7）表明，当被测量 δ、A 或 ε 发生变化时，电容会相应变化。如果保持其中两个参数不变，仅改变另一个参数，就可把该参数的变化变换为单一电容量的变化，再通过配套的测量电路，就可将电容的变化转换为电信号输出。根据电容器的参数变化特性，电容式传感器可分为极距变化型、面积变化型和介电常数变化型三种，其中极距变化型和面积变化型应用较广。

1）极距变化型电容式传感器

在电容器中，如果两极板相互覆盖面积及极间介质不变，则电容量与极距 δ 呈非线性关系，如图 2.10 所示。当两极板在被测参数作用下发生位移时，引起的电容量变化为

$$\Delta C = -\frac{\varepsilon \varepsilon_0 A}{\delta^2} \Delta \delta \tag{2.8}$$

由此可得到灵敏度：

$$S = \frac{\Delta C}{\Delta \delta} = -\frac{\varepsilon \varepsilon_0 A}{\delta^2} = -\frac{C}{\delta} \tag{2.9}$$

由式(2.9)可看出,灵敏度 S 与极距的二次方成反比,极距越小,灵敏度越高。一般通过减小初始极距来提高灵敏度。

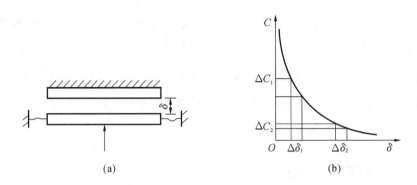

图 2.10　极距变化型电容式传感器

2) 面积变化型电容式传感器

面积变化型电容式传感器的工作原理是在被测参数的作用下改变极板的有效面积,常用的有角位移型和线位移型两种。图 2.11 所示为变面积型电容式传感器的结构示意图,图 2.11(a)(b)(c)所示为单边式,图 2.11(d)所示为差动式。

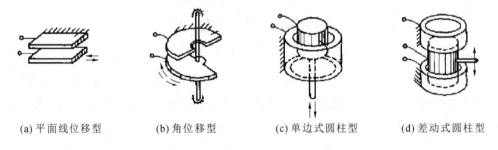

(a) 平面线位移型　　(b) 角位移型　　(c) 单边式圆柱型　　(d) 差动式圆柱型

图 2.11　面积变化型电容式传感器

面积变化型电容式传感器的优点是输出与输入呈线性关系;但与极板变化型相比,其灵敏度较低,适用于较大角位移及线位移的测量。

2. 电容式传感器的应用

目前,随着电容式传感器精度和稳定性的日益提高,其已被广泛应用于位移、振动、角度、速度、压力、转速、流量、液位、料位的测量以及成分分析等方面。

(1) 电容测厚仪应用实例如图 2.12 所示,用于测量金属带材在轧制过程中的厚度变化。电容极板与带材之间形成两个电容,即 C_1、C_2,其总电容 $C = C_1 + C_2$。当金属带材在轧制中厚度发生变化时,电容量将发生变化。可利用检测电路反映这个变化,并转换和显示出带材的厚度。

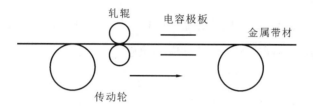

图 2.12　电容测厚仪应用实例

(2) 电容测速传感器应用实例如图 2.13 所示。图 2.13 中齿轮外沿面为电容器的动极板,当电容器定极板与齿顶相对时,电容量最大,而与齿隙相对时,电容量最小。当齿轮转动时,电容量发生周期性变化,通过测量电路将电容量转换为脉冲信号,频率计显示的频率代表转速大小。设齿数为 z,频率为 f,则转速为

$$n = \frac{60f}{z} \tag{2.10}$$

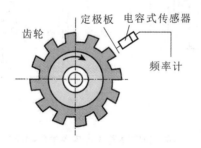

图 2.13　电容测速传感器应用实例

2.4.6　磁电式传感器

磁电式传感器是将被测的机械量变化转换为感应电动势变化的一种传感器,又称电磁感应式或电动式传感器。根据电磁感应定律,对于匝数为 N 的线圈,当穿过该线圈的磁通 φ 发生变化时,其感应电动势为

$$e = -N\frac{\mathrm{d}\varphi}{\mathrm{d}t} \tag{2.11}$$

式中：$\dfrac{\mathrm{d}\varphi}{\mathrm{d}t}$为磁通变化率，它与磁场强度 B、磁路磁阻 R_{m}、线圈的运动速度 v（或转动角速度 ω）有关，改变其中任一因素，都会改变线圈的感应电动势。按工作原理不同，磁电式传感器可分为恒定磁通式和变磁通式。

1. 恒定磁通式传感器

图 2.14 所示为恒定磁通式传感器的结构原理。当线圈在垂直于磁场方向做直线运动或旋转运动时，线圈中所产生的感应电动势 e 为

$$e = -NBlv\sin\theta \tag{2.12}$$

或

$$e = -kNBA\omega \tag{2.13}$$

式中：l 为每匝线圈的平均长度，mm；A 为每匝线圈的平均截面积，mm^2；k 为与传感器结构有关的系数；B 为线圈所在磁场的磁感应强度；v 为线圈在磁场中的线速度，mm/s；θ 为线圈运动方向与磁场方向的夹角，(°)；ω 为线圈在磁场中的角速度，rad/s。

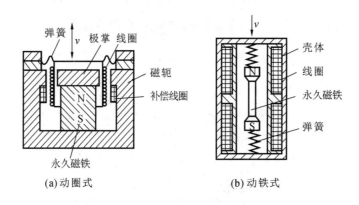

图 2.14 恒定磁通式传感器的结构原理

当传感器结构参数确定后，B、l、N、A 均为定值，感应电动势 e 与线圈相对磁场的运动速度（v 或 ω）成正比，所以这类传感器的基本形式是速度传感器，能直接测量线速度或角速度。如果在其测量电路中接入积分电路或微分电路，还可以测量位移或加速度。但由工作原理可知，磁电式传感器只适用于动态测量。

磁电式传感器有动圈式结构类型，此外，还有动铁式结构类型的，其工作原理与动圈式完全相同，只是它的运动部件是磁铁。

2. 变磁通式传感器

变磁通式又称磁阻式或变气隙式,常用来测量旋转物体的角速度,其结构原理如图 2.15 所示。线圈 3 和磁铁 1 静止不动,由导磁材料制成的测量齿轮 4 安装在被测旋转体上,随之一起转动,每转过一个齿,传感器磁路磁阻变化一次,线圈 3 产生的感应电动势的变化频率等于测量齿轮 4 的齿数和转速的乘积。

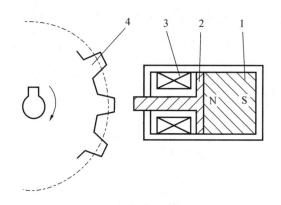

图 2.15　变磁通式传感器

1—永久磁铁;2—软磁铁;3—感应线圈;4—测量齿轮

变磁通式传感器对环境条件要求不高,能在 -150~90 ℃ 的温度下工作,也能在油、灰尘、水雾等条件下工作。但它的工作频率下限较高,约为 50 Hz,上限可达 100 Hz。

2.4.7　压电式传感器

1. 压电式传感器工作原理

压电式传感器是利用某些材料的压电效应将机械量转换为电荷量从而实现测量的。具有压电效应的压电材料,在受到外力作用时,几何尺寸会发生变化,并且内部极化,表面出现电荷,形成电场。当外力去掉时,便恢复到原来状态,这种现象称为压电效应。相反,若将这些物质置于电场中,在电场作用下,其尺寸形状会发生变化,这称为逆压电效应,或称电致伸缩效应。因此,压电式传感器是一种可逆型换能器,它既可以将机械能变换为电能,也可将电能变换为机械能。这种传感器主要用来测量力,也可用于超声波发射与接收装置。它具有体积小、测量精度高、灵敏度高等优点。

明显呈现压电效应的敏感功能材料称为压电材料。常用的压电材料有两大类:一种是压电单晶体,如石英、酒石酸钾钠等;另一种是多晶压电陶瓷,又称压电陶瓷,如钛酸钡、锆钛酸铅、铌镁酸铅等。此外,自 1972 年首次应用以来,人们已利用新型高分子物性型传感材料聚偏二氟乙烯(PVDF),研制出多种用途的传感器,如检测压力、加速度、温度和声等的传感器,PVDF 在生物医学和无损检测领域也获得了广泛的应用。

2. 压电式传感器的应用

压电式传感器具有自发电和可逆两种重要特性,并具有体积小、重量轻、结构简单、工作可靠、固有频率高、灵敏度和信噪比高等优点,在测试技术中得到了广泛应用。压电转换元件是一种典型的力敏元件,能测量最终能变换成力的物理量,如压力、加速度、机械冲击和振动等,因此,在机械、声学、力学、医学和宇航等领域都可见到压电式传感器的应用。

图 2.16 所示是压电式加速度传感器,它由两片压电陶瓷组成,采用并连接法,用一根引线接到两个压电片之间的金属片上作为电极的一端,另一端直接与基座相连。压电片上放一高密度质量块,用弹簧型螺母压紧,施加预载荷。基座应厚些,与试件刚性固紧,使传感器感受与试件相同的振动。质量块有一正比于加速度的交变力作用在压电片上,使之产生电荷。于是传感器的输出电荷(或电压)与加速度成正比。

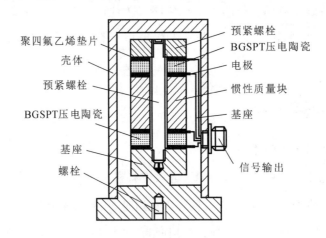

图 2.16 压电式加速度传感器

2.4.8 光电式传感器

光电式传感器是以光电器件作为转换元件的传感器,它可用于检测直接引起光量

变化的非电量,如光强、光照度、气体成分等,也可以检测能转换成光量变化的其他非
电量,如零件直径、表面粗糙度、应变、位移、振动速度和加速度以及物体的形状、工作
状态等。光电式传感器具有非接触、响应快、性能可靠等特点,因此在工业自动化装置
和机器人中获得广泛应用。

1. 模拟式光电传感器

模拟式光电传感器有如下几种工作方式,如图 2.17 所示。

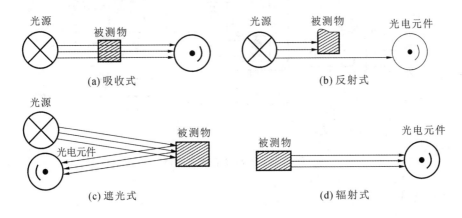

图 2.17　模拟式光电传感器的工作方式

1) 吸收式

被测物体位于恒定光源与光电元件之间,根据被测物对光的吸收程度或对其谱线
的选择来测定被测参数,如测量液体、气体的透明度和浑浊度,对气体进行成分分析,
测定液体中某种物质的含量等。图 2.18 所示为光电式烟尘浓度计原理。

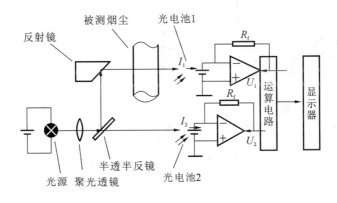

图 2.18　光电式烟尘浓度计原理

2) 反射式

恒定光源发出的光投射到被测物体上,被测物体把部分光通量反射到光电元件上,根据反射的光通量多少测定被测物表面状态和性质,可测量零件的表面粗糙度、表面缺陷、表面位移等。图 2.19 所示为光电式转速表原理。

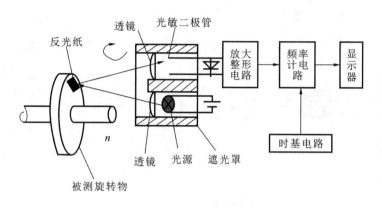

图 2.19　光电式转速表原理

3) 遮光式

被测物体位于恒定光源与光电元件之间,光源发出的光通量经被测物遮去一部分,使作用在光电元件上的光通量减小,减小的程度与被测物在光学通路中的位置有关。利用这一原理可以测量长度、厚度、线位移、角位移、振动等。图 2.20 所示为光电式边缘位置检测器光路。

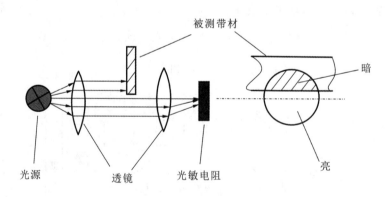

图 2.20　光电式边缘位置检测器光路

4) 辐射式

被测物体本身就是辐射源,它发出的光可以直接照射在光电元件上,也可以经过一定的光路后作用在光电元件上。如光电高温计、比色高温计、红外侦察和红外遥感装置等均属于这一类。图 2.21 为扫描式光电比色温度计。

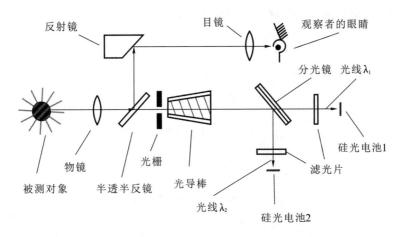

图 2.21　扫描式光电比色温度计

2. 光电式传感器的应用

光电测量方法灵活多样,可测量参数众多,且一般情况下,光电传感器具有非接触、精度高、分辨率高、可靠性高和响应快等优点,加之激光源、光栅、光学码盘、电荷耦合器件、光导纤维等的相继出现和成功应用,使得光电传感器在检测和控制领域得到了广泛的应用。下面是光电传感器的应用实例。

(1) 测量工件表面缺陷　用光电式传感器测量工件表面缺陷的工作原理如图 2.22 所示,激光管发出的光束经过透镜变为平行光束聚焦在工件表面,形成宽约 0.1 mm 的细长光带。如果工件表面有缺陷(非圆、粗糙、裂纹),则光束会发生偏转或散射,这些光被硅光电池接收,即可转换成电信号输出。

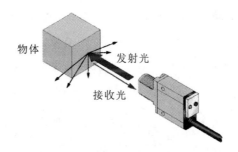

图 2.22　光电式传感器测量工件表面缺陷

(2) 测量转速　图 2.23 所示为用光电式传感器测量转速的工作原理。在电动机的旋转轴上涂上黑、白两种颜色,当电动机轴转动时,反射光与不反射光交替出现,光电式传感器相应地间断接收光的反射信号,并输出间断的电信号,再经放大整形电路输出方波信号,最后由电子数字显示器输出电动机的转速。其中图 2.23 为直射型光电式传感器。

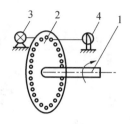

图 2.23　光电式传感器测量转速

1—转轴;2—被测转盘;3—光源;4—光敏二极管

2.4.9　其他新型传感器

1. 光纤传感器

光纤传感器是基于光导纤维导光的原理制成的。光导纤维是一种具有特殊结构的光学纤维,当光线以一定角度从其一端射入时,它能把大部分入射光线传送到另一端。这种能传输光线的纤维称为光导纤维,简称光纤。光纤传感器与以电为基础的传感器相比有本质区别。一般的传感器将物理量转换成电信号,再用导线进行传输。而光纤传感器用光而不是用电作为敏感信息的载体,用光纤而不是用导线作为传递敏感信息的媒质。

由于外界因素(温度、压力、电场、磁场、振动等)对光纤的作用会引起光波特征参量(如振幅、相位、偏振态等)发生变化,因此,只要能测出这些参量随外界因素变化的关系,就可以用它作为传感元件来检测温度、压力、电流、振动等物理量的变化,这就是光纤传感器的基本工作原理。概括地说,光纤传感技术就是利用被测量对光纤内传输的光波参量进行调制,并对被调制过的光波信号进行解调检测,从而获得被测量的。

由于光纤传感器不受电磁场干扰,而且具有灵敏度高、精度高、速度快、密度高、可适应各种恶劣环境、传输信号安全、可实现非接触测量以及非破坏性和使用简便等优点,因此,无论是在电量(电流、电压、磁场等)还是在非电量(位移、温度、压力、速度、加速度、液位、流量等)的测量方面,都取得了惊人的进展。

2. 智能传感器

智能传感器是为了代替人的感觉器官并扩大其功能而设计制作出来的一种装置。人和生物体的感觉器官有两个基本功能:一个是检测对象的有无或检测变换对象发出的信号;另一个是判断、推理、鉴别对象的状态。前者称为"感知",而后者称为"认知"。一般传感器只有对某一物体精确"感知"的本领,而不具有"认知"的能力。智能传感器则可将"感知"和"认知"结合起来,起到人的"五感"功能的作用。智能传感器就是带微处理器,并且具备信息检测和信息处理功能的传感器。从一定意义上讲,它具有类似于人工智能的作用。需要指出,这里讲的"带微处理器"包含两种情况:一种是将传感器与微处理器集成在一个芯片上,构成"单片智能传感器";另一种是指传感器配备微处理器。显然,后者的定义范围更宽,但两者均属于智能传感器的范畴。不论哪一种情况,都说明智能传感器的主要特征就是敏感技术和信息处理技术的结合。也就是说,智能传感器必须具备"感知"和"认知"的能力。如要具有信息处理能力,就必然要使用计算机技术;考虑到智能传感器的体积问题,只能使用微处理器。

通常,智能传感器是将传感单元、微处理器和信号处理电路等装在同一壳体内组成的;输出方式常采用 RS-232 或 RS-422 等串行输出,或采用 IEEE 488 标准总线并行输出。智能传感器是最小的微机系统,其中作为控制核心的微处理器通常采用单片机。与传统传感器相比,智能传感器有以下特点。

(1) 精度高。智能传感器可通过自动校零去除零点;与标准参考基准进行实时对比,以自动进行整体系统标定;自动进行整体系统的非线性等系统误差的校正;通过对所采集的大量数据进行统计处理来消除偶然误差的影响等。这些都保证了智能传感器有较高的精度。

(2) 高信噪比与高分辨率。由于智能传感器具有数据存储、记忆与信息处理功能,通过软件进行数字滤波、数据分析等处理后,可以去除输入数据中的噪声,从而将有用信号提取出来;通过数据融合、神经网络技术,可以消除多参数状态下交叉灵敏度的影响,从而保证具有在多参数状态下对特定参数进行测量的能力。因此智能传感器具有很高的信噪比与分辨率。

(3) 性价比高。智能传感器所具有的上述高性能,不是像传统传感器技术那样追求传感器本身的完善,对传感器的各个环节进行精心设计与调试来获得的,而是通过与微处理器、微计算机相结合来实现的,因此具有高的性价比。

（4）可靠性与稳定性强。智能传感器能自动补偿因工作条件与环境参数的变化而引起的系统特性漂移，如由温度变化产生的零点和灵敏度的漂移；当被测参数发生变化后，能自动更换量程；能实时、自动进行系统的自我检验，分析、判断所采集到的数据的合理性，并给出异常情况的应急处理（报警或故障提示）方案。这些功能保证了智能传感器具有很强的可靠性与稳定性。

（5）自适应性强。智能传感器具有判断、分析与处理功能，它能根据系统工作情况决定各部分的供电情况，优化与上位计算机的数据传送速率，并保证系统工作在最优功耗状态。

第 3 章　测量误差分析与数据处理

3.1　测量误差分析

3.1.1　误差的基本概念

由于多种因素的影响,在实验测试中所有的实验数据结果都存在误差,这是误差的公理。随着科学技术的日益发展和人们认识水平的提高,虽然可以将误差控制得越来越小,但终究不能完全消除它。实验数据只有经过适当的分析处理,剔除无效数据,才能提取有效信息。研究误差的目的是掌握误差的规律和产生的原因,以便正确处理数据,找出被测参数与测量数据的内在联系,正确设计和组织实验,合理设计和选用测量装置,提高科学实验的水平。

1. 真值与误差

被测参数在理论上的确定值为真值。由于测量误差的存在,实际测量值往往不等于真值,实际测量值 x 与真值 u 之差 Δx 称为绝对误差,即

$$\Delta x = x - u \tag{3.1}$$

一般真值是无法求得的,在实际测量中常用被测量的多次测量值的算数平均值或上一级精度测量仪器的测量值代替真值。绝对误差 Δx 与被测量真值 u 的比值称为相对误差。因测量值与真值接近,故也可用绝对误差与测量值之比作为相对误差,即

$$e = \frac{\Delta x}{u} \times 100\% \approx \frac{\Delta x}{x} \times 100\% \tag{3.2}$$

对于相同的被测量值,用绝对误差 Δx 评定其测量精度的高低,对于不同的被测量值以及不同的物理量,用相对误差 e 评定其测量精度的高低。

2. 误差的分类

按误差的性质和表现特征,误差可分为系统误差、随机误差和疏失误差。

在同一条件下多次测量同一量时,绝对值与符号保持不变或按一定规律变化的误差称为系统误差。例如测量仪器刻度不准确、测量方法或测量条件引入了按某种规律变化的因素时引起的误差。误差的绝对值和符号已确定的系统误差是已定系统误差;误差的绝对值和符号未确定的系统误差是未定系统误差,通常可以估计误差的范围。

在同一测量条件下,多次测量同一值时,绝对值和符号以不可预知的方式变化的误差称为随机误差。例如测量仪器中传动件的间隙、连接件的弹性变形等引起的示值不稳定导致的误差。随机误差就个体而言是不确定的,但总体有一定的统计规律。在了解其统计规律后,可以控制和减小它们对测量结果的影响。

疏失误差也称过失误差或粗大误差,是一种明显超出规定条件下预期误差范围的误差。它是由某种不正常的原因造成的,例如测量时对错了标志,读错或记错了数据,或测量仪器有缺陷等。在处理测量数据时应剔除含有疏失误差的数据,但要有充分的依据。

3. 精度、准确度、精密度和精确度

反映测量结果与真值接近程度的量称为精度。精度又分为准确度、精密度和精确度。准确度反映测量结果中系统误差的影响程度,精密度反映测量结果中随机误差的影响程度,精确度反映测量结果中系统误差和随机误差综合的影响程度。它们之间的相互关系可用打靶的例子来说明。图 3.1(a)的弹着点分散且偏离靶心,表示系统误差和随机误差均大,精密度和准确度均差;图 3.1(b)的弹着点分散但环绕靶心,表示系统误差小而随机误差大,精密度差而准确度好;图 3.1(c)的弹着点密集但偏离靶心,表示随机误差小而系统误差大,精密度好而准确度差;图 3.1(d)表示随机误差和系统误差均比较小,精密度和准确度均好,这种情况称精确度高,即精度高。

3.1.2　随机误差的估计与处理

设被测量的真值为 u,一系列的测量值(常称为测量列)为 $x_i(i=1,2,\cdots,n)$,若测量列中不包含系统误差和疏失误差,则测量列中的随机误差 δ_i 为

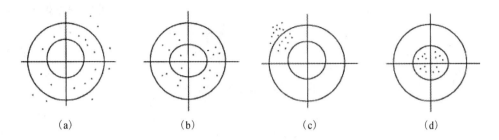

$$\text{图 3.1　精度比较}$$

$$\delta_i = x_i - u \tag{3.3}$$

这些随机误差具有下列特征。

(1) 对称性:绝对值相等的正负误差出现的次数相等。

(2) 单峰性:绝对值小的误差比绝对值大的误差出现的次数多。

(3) 有界性:在一定的测量条件下,随机误差的绝对值不会超过一定的界限。

(4) 抵偿性:随着测量次数的增加,随机误差的算术平均值趋于 0。

大多数随机误差都服从正态分布,其概率密度函数和方差分别为

$$f(\delta) = \frac{1}{\sqrt{2\pi}\sigma}\mathrm{e}^{-\frac{\delta^2}{2\sigma^2}} \tag{3.4}$$

$$\sigma^2 = \int_{-\infty}^{+\infty} \delta^2 f(\delta)\mathrm{d}\delta \tag{3.5}$$

1. 算术平均值与真值

对某一物理量进行 n 次等精度测量,得到一测量列 $x_1, x_2, \cdots, x_i, \cdots, x_n$,其算术平均值为

$$\bar{x} = \frac{1}{n}(x_1 + x_2 + \cdots + x_n) = \frac{1}{n}\sum_{i=1}^{n} x_i \tag{3.6}$$

根据概率论的大数定理,当测量次数 $n \rightarrow \infty$ 时,算术平均值 $\bar{x}$ 收敛于真值 u,即 $\bar{x}$ 的数学期望为

$$E(\bar{x}) = \lim_{n\to\infty} \frac{1}{n}\sum_{i=1}^{n} x_i = E(x) = u \tag{3.7}$$

对于无限次测量来说,$\bar{x}$ 是真值 u 的一个无偏估计,因实际测量无法达到无限次,故通常用有限次测量的算术平均值 $\bar{x}$ 代替真值 u。

2. 测量列中单次测量的标准差

误差分析中通常用标准差表征测量值对真值的离散程度,从而评价测量的精度和

可靠性。根据概率论中标准差的定义,测量值的标准差 σ 为随机误差的均方根值,即

$$\sigma = \sqrt{\frac{1}{n}\sum_{i=1}^{n}\delta^2} = \sqrt{\frac{1}{n}\sum_{i=1}^{n}(x_i - u)^2} \tag{3.8}$$

用有限次测量的算术平均值 $\bar{x}$ 代替真值 u,得到贝塞尔公式:

$$\sigma = \sqrt{\frac{1}{n-1}\sum_{i=1}^{n}(x_i - \bar{x})^2} = \sqrt{\frac{1}{n-1}\sum_{i=1}^{n}\nu_i^2} \tag{3.9}$$

式中: $\nu_i^2 = x_i - \bar{x}$ 称为残余误差(简称残差)。标准差 σ 的数值小,测量列中误差小的数值占优势,测量的可靠性高,即精度高,如图 3.2 中的曲线。因此单次测量的标准差 σ 表示同一被测量值的分散性,可作为测量列中单次测量可靠性的评定标准。

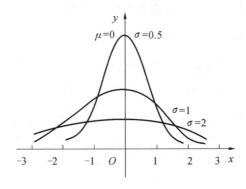

图 3.2　不同 σ 值的正态分布曲线

3. 测量列的算术平均值的标准差

在实际测量中以算术平均值作为测量结果,算术平均值的标准差 σ_x 是表示同一被测量的各个独立测量列算术平均值分散性的参数,可作为算术平均值可靠性的评定标准:

$$\sigma_x = \frac{\sigma}{\sqrt{n}} \tag{3.10}$$

即在 n 次测量的等精度测量列中,算术平均值的标准差为单次测量标准差的 $\frac{1}{\sqrt{n}}$。增加测量次数,可以提高测量精度。但 σ 一定时,在 $n > 10$ 以后,σ_x 减小得非常缓慢。此外,由于测量次数越多越难保证测量条件恒定,从而带来新误差。故一般情况下取 $n \leqslant 10$ 为宜。

4. 随机误差的其他分布

正态分布是随机误差最普遍的一种分布规律,但不是唯一的分布规律。常见的随

机误差分布规律还有均匀分布、反正弦分布等。均匀分布也称矩形分布或等概率分布,其主要特点是误差有一确定的范围,在此范围内各处误差出现的概率相等,如仪器度盘刻度引起的误差、数字式仪器在±1 单位内不能分辨的误差、数据计算中的舍入误差等。反正弦分布的特点是随机误差与某一角度呈正弦关系,如仪器度盘偏心引起的角度测量误差。

3.1.3　系统误差的发现与排除

引起系统误差的因素如下：

(1) 测量装置方面的因素,如标尺的刻度偏差、刻度盘与指针的安装偏心、天平的臂长不等；

(2) 环境方面的因素,如测量时的实际温度与标准温度的偏差,测量过程中温度、湿度等按一定规律变化的误差；

(3) 测量方法方面的误差,如采用近似的测量方法或近似的计算公式等引起的误差；

(4) 测量人员方面的误差,如在刻度上估计读数时习惯偏于某一方向。

1. 系统误差的发现

系统误差对测量结果的影响一般比随机误差的影响大。各种系统误差在测量过程中表现出不同的特征,如图 3.3 所示,曲线 1 为恒定的系统误差,曲线 2 为线性变化的系统误差,曲线 3 为周期性变化的系统误差,曲线 4 为非线性变化的系统误差,多次反复测量不能消除系统误差。目前还没有适用于发现各种系统误差的普遍方法,下面几种方法是发现某些系统误差的常用方法。

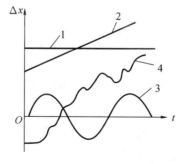

图 3.3　系统误差的特征

1）实验对比法

改变测量条件可以发现不变的系统误差。例如量块按公称尺寸使用时，在测量结果中存在由于量块的尺寸偏差产生的不变系统误差。用另一块高一级精度的量块进行对比就能确定该系统误差。

2）残余误差观察法

根据测量的先后顺序，将测量列的残余误差列表或作图观察，若残余误差基本正负相间且无明显变化规律，则认为不存在系统误差[图 3.4（a）]；若残余误差数值有规律地递增或递减，且在测量的开始和结束时误差的符号相反，则存在线性系统误差[图 3.4（b）]；若误差符号有规律地逐渐由正变负，再由负变正，循环交替变化，则存在周期性系统误差[图 3.4（c）]；若残余误差的变化规律如图 3.4（d）所示，则同时存在线性系统误差和周期性系统误差。残余误差观察法不能发现定值系统误差。

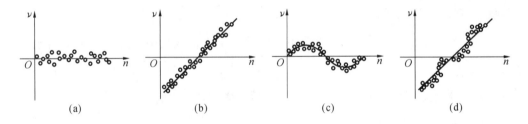

图 3.4　残余误差的规律

3）马利科夫准则

将测量列中前 K 个测量值的残余误差相加，后 $n-K$ 个测量值的残余误差相加 [n 为偶数时，$K=n/2$；n 为奇数时，$K=(n+1)/2$]，两者相减，即

$$\Delta = \sum_{i=1}^{K} \nu_i - \sum_{j=K+1}^{n} \nu_j \tag{3.11}$$

若 Δ 显著不为零，则认为测量列存在线性系统误差。

4）阿贝-赫梅特准则

某一等精度测量列，按测量顺序残余误差的排列为 $\nu_1, \nu_2, \cdots, \nu_i, \cdots, \nu_n$，若

$$\left| \sum_{i=1}^{n-1} \nu_i \nu_{i+1} \right| > \sqrt{n-1}\,\sigma^2 \tag{3.12}$$

则认为测量列中含有周期性系统误差。

2. 系统误差的排除

要找出减小和消除系统误差的普遍有效方法比较困难,下面介绍的是几种最基本的方法及适应某种系统误差的特殊方法。

1) 从产生误差的根源上消除系统误差

对测量过程中能产生系统误差的环节进行仔细分析,在测量前在产生根源上消除误差。如为了防止测量过程中仪器零位变动,测量开始和结束时都要检查零位;如果误差是由外界条件引起的,则应在外界条件比较稳定时测量。

2) 校正值法消除系统误差

预先将测量仪器的系统误差检查或计算出来,绘制误差表或误差曲线,然后取与误差值大小相同符号相反的值作为修正值,将实际测量值加上相应的修正值,得到不含系统误差的测量结果。

3) 对比法、异号法、交换法消除不变系统误差

对比法是在同样的测量条件下,对被测量和与被测量值相等的标准量进行测量,被测量与标准测量值的差值就是测量的系统误差。

异号法是改变测量状况,使定值系统误差出现一次为正值一次为负值的情况,取两次测量值的算术平均值作为测量结果,即可消除定值系统误差。工具显微镜测量螺纹中径用的就是这种方法。

交换法是根据误差产生的原因将某些条件交换。如在等臂天平上称重,先将被测量 m 放在左边,标准砝码 m_1 放在右边,此时天平平衡;再将被测量 m 换到天平的另一边,此时标准砝码 m_2 与 m 平衡。取 $m = \dfrac{m_1 + m_2}{2}$ 作为测量值即可消除天平两臂不等带来的系统误差。

4) 对称法消除线性系统误差

很多误差都随时间变化,在短时间内均可认为按线性规律变化,因此有时按复杂规律变化的误差也可近似地作为线性误差处理。例如被测量随时间线性增加,当选定某一时刻为中点时,对称于此中点的系统误差的算术平均值相等。利用这一点可将测量对称安排,取对称的两次测量值的算术平均值作为测量值,即可消除系统误差。例如检测量块的平行性时,先以标准量块 A 的中心对零,然后按顺序逐点检测量块 B,再按相反顺序检测一次,取各检测点两次读数的算术平均值作为测量值,可消除温度

变化引起的线性系统误差。

5）半周期法消除周期性系统误差

周期性系统误差一般可以表示为

$$\Delta = a\sin\varphi \tag{3.13}$$

设 $\varphi=\varphi_1$ 时，误差为

$$\Delta_1 = a\sin\varphi_1 \tag{3.14}$$

相隔半个周期，当 $\varphi_2=\varphi_1+\pi$ 时，误差为

$$\Delta_2 = a\sin(\varphi_1+\pi) = -a\sin\varphi_1 = -\Delta \tag{3.15}$$

因此，取两次测量的算术平均值作为测量值，即可消除周期性系统误差。仪器度盘安装偏心或指针的回转中心与刻度盘中心不重合引起的周期性误差，都可用半周期法消除。

3.1.4　疏失误差的判别与剔除

疏失误差将使测量结果严重失真，因此要及时发现并予以剔除。但剔除时要特别认真慎重，首先应进行充分的分析和研究，严格根据判别准则确定。同时也要充分认识到，有时实验中的异常数据可能包含一个尚未发现的物理现象。

1. 3σ 准则（拉依达准则）

3σ 准则是最常用也是最简单的判别疏失误差的准则，它是以测量次数无穷大为前提的。在测量次数较少时它只能作为一个近似准则。

当某一测量列的各测量值只含有随机误差时，根据随机误差的正态分布规律，误差超过 $\pm3\sigma$ 的概率只有 0.27%，可以认为不会发生。因而，若测量列中某测量数据 x_i 的残余误差的绝对值大于 3σ，即

$$|x_i-\bar{x}| > 3\sigma \tag{3.16}$$

则可认为 x_i 含有疏失误差，应予以剔除。

2. 格拉布斯准则

在等精度测量列中，若某测量数据 x_i 的残余误差

$$|v_i| = |x_i-\bar{x}| > G\sigma \tag{3.17}$$

则认为 x_i 含有疏失误差，应予以剔除。式中：σ 为标准差；G 为对应给定的置信概率 P 的判别疏失误差的临界值，也称格拉布斯系数，如表 3.1 所示。在测量次数 $n=20\sim$

100 时,格拉布斯准则判别效果较好。

表 3.1 格拉布斯系数 G

$n-2$	5%	1%	$n-2$	5%	1%	$n-2$	5%	1%
1	0.997	1.000	16	0.468	0.590	35	0.325	0.418
2	0.950	0.990	17	0.456	0.575	36	0.304	0.393
3	0.878	0.959	18	0.444	0.561	45	0.288	0.372
4	0.811	0.917	19	0.433	0.549	50	0.273	0.354
5	0.754	0.874	20	0.423	0.537	60	0.250	0.325
6	0.707	0.834	21	0.413	0.526	70	0.232	0.302
7	0.666	0.798	22	0.404	0.515	80	0.217	0.283
8	0.632	0.765	23	0.396	0.505	90	0.205	0.267
9	0.602	0.735	24	0.388	0.496	100	0.195	0.254
10	0.576	0.708	25	0.381	0.487	125	0.174	0.228
11	0.553	0.684	26	0.374	0.478	150	0.159	0.208
12	0.532	0.661	27	0.367	0.470	200	0.138	0.181
13	0.514	0.641	28	0.361	0.463	300	0.113	0.148
14	0.497	0.623	29	0.355	0.456	400	0.098	0.128
15	0.482	0.606	30	0.349	0.449	1000	0.062	0.081

3.1.5 测量结果的表示

1. 直接测量

直接测量就是用测量仪器和设备直接对被测量进行测量,完整的测量结果应包括测量值和它的误差,因此单次测量的结果应表示为

$$x \pm \delta \qquad (3.18)$$

式中:x 为单次测量的测量结果;δ 为测量误差界限。

对于标准差为 σ 的正态分布的随机变量,误差界限常表示为

$$\pm \delta = \pm k\sigma \qquad (3.19)$$

随机误差出现在区间 $[-\delta, \delta]$ 内的概率为

$$P(\delta) = \frac{2}{\sigma \sqrt{2\pi}} \int_{-\delta}^{\delta} e^{\frac{-\delta^2}{2\sigma^2}} d\delta \qquad (3.20)$$

当 $k=1$ 时,$\delta=\sigma$,随机误差 δ 落在 $[-\sigma,\sigma]$ 区间的概率为 68.3%;当 $k=2$ 时,$\delta=2\sigma$,随机误差 δ 落在 $[-2\sigma,2\sigma]$ 区间的概率为 95.4%;当 $k=3$ 时,$\delta=3\sigma$,随机误差 δ 落在 $[-3\sigma,3\sigma]$ 区间的概率为 99.73%,而误差落在该区间外的概率仅为 0.27%。这相当于 370 次测量只有一次测量误差超过 $\pm3\sigma$。根据实际判断原理,小概率事件在实际中是不可能出现的,或者说误差出现在 $[-3\sigma,3\sigma]$ 区间内是必然事件。

2. 间接测量与误差分析

有些物理量不是用仪器直接测量得到的,而是先直接测量与该物理量有确定函数关系的另一些物理量的值,然后按它们之间的关系公式计算出该物理量的值,这称为间接测量,这在工程中是常常遇到的。

例如测量某电动机输出功率 P,通常直接测量该轴的扭矩 T 和转速 n,再代入计算公式求出功率 P。

$$P = \frac{Tn}{9550} \tag{3.21}$$

由于间接测量的结果是由直接测量结果通过一定的计算得到的,各直接测量结果的误差必然导致间接测量结果的误差,误差的数值和符号都与函数关系有关。若直接测量参数为 $x_1,x_2,\cdots,x_i,\cdots,x_n$,间接测量参数为 Y,则它们之间的函数关系为

$$Y = f(x_1,x_2,\cdots,x_i,\cdots,x_n) \tag{3.22}$$

当直接测量的各参数的误差为 $\Delta x_1,\Delta x_2,\cdots,\Delta x_i,\cdots,\Delta x_n$ 时,间接测量值的误差为

$$\Delta Y = \frac{\partial f}{\partial x_1}\Delta x_1 + \frac{\partial f}{\partial x_2}\Delta x_2 + \cdots + \frac{\partial f}{\partial x_i}\Delta x_i + \cdots + \frac{\partial f}{\partial x_n}\Delta x_n \tag{3.23}$$

式(3.23)称为函数系统的误差公式,$\frac{\partial f}{\partial x_i}\Delta x_i(i=1,2,\cdots,n)$ 为各直接测量传递误差的传递函数。

如果对各直接测量参数进行了 n 次等精度测量,求出各直接测量参数的算术平均值 $\bar{x}_1,\bar{x}_2,\cdots,\bar{x}_i,\cdots,\bar{x}_n$ 和标准差 $\sigma_{\bar{x}_1},\sigma_{\bar{x}_2},\cdots,\sigma_{\bar{x}_i},\cdots,\sigma_{\bar{x}_n}$,则间接测量值 Y 的算术平均值的标准差为

$$\sigma_{\bar{Y}} = \sqrt{\left(\frac{\partial f}{\partial x_1}\right)^2\sigma_{\bar{x}_1}^2 + \left(\frac{\partial f}{\partial x_2}\right)^2\sigma_{\bar{x}_2}^2 + \cdots + \left(\frac{\partial f}{\partial x_n}\right)^2\sigma_{\bar{x}_n}^2} \tag{3.24}$$

若预先给定了间接测量的误差范围,用式(3.24)确定各直接参数误差的允许范围

是一个多解问题,这说明各直接测量参数的误差可有多种分配方案。通常可按等作用原则分配,认为各部分误差对函数误差的影响相等,即

$$\left(\frac{\partial f}{\partial x_1}\right)^2 \sigma_{\bar{x}_1}^2 = \left(\frac{\partial f}{\partial x_2}\right)^2 \sigma_{\bar{x}_2}^2 = \cdots = \left(\frac{\partial f}{\partial x_n}\right)^2 \sigma_{\bar{x}_n}^2 \qquad (3.25)$$

则得

$$\sigma_{\bar{x}_i} = \frac{\sigma_{\bar{Y}}}{\sqrt{n}\left(\dfrac{\partial f}{\partial x_2}\right)} \, (i = 1, 2, \cdots, n) \qquad (3.26)$$

按等作用原则分配误差,可能会出现不合理的情况。对于有的测量值,保证它的测量误差不超出允许范围,很容易实现,而对于有的测量值则很难达到,要保证它的测量精度就要用昂贵的高精度仪器,或者付出较大的劳动。这时应对难以实现测量的误差项适当扩大,对容易实现测量的误差项尽可能缩小,误差分配后按式(3.24)计算间接测量的总误差。若超出给定误差范围,应选择可能缩小的误差项并再次缩小;若总误差较小,可适当扩大难以测量的参数允许误差。

3.2　实验数据处理

1. 实验数据的一般处理步骤

设对某参数进行了 n 次等精度测量,测量值 $x_i (i = 1, 2, \cdots, n)$ 可能同时包含系统误差、随机误差和疏失误差,为了得到一个合理的测量结果,可按下列步骤分析处理:

(1) 初步判别并剔除明显的异常值;

(2) 选择适当方法对系统误差进行补偿和修正;

(3) 求算术平均值 $\bar{x} = \dfrac{1}{n} \sum\limits_{i=1}^{n} x_i$;

(4) 求各测量值的残余误差 $\nu_i = x_i - \bar{x}$;

(5) 用贝塞尔公式 $\sigma = \sqrt{\dfrac{1}{n-1} \sum\limits_{i=1}^{n} \nu_i^2}$ 或用最大误差法 $\sigma = \dfrac{|\nu_i|_{\max}}{K'_n}$ 求标准差;

(6) 判断疏失误差,剔除坏值,当测量次数 n 较大时用 3σ 准则判断,当测量次数 n 较小时用格拉布斯准则判断;

（7）重复步骤（3）、（4）、（5）、（6），直到测量列中不再包含坏值；

（8）计算剔除坏值后的测量列的算术平均值 $\bar{x}'$、残余误差 v_i' 和标准差 σ'，写出测量结果 $\bar{x}' \pm \dfrac{3\sigma'}{\sqrt{n'}}$（$n'$ 为剔除坏值后的测量列中的数据个数）。

2. 实验数据图示

实验数据图示是用图形和曲线来表示实验数据之间的关系。在数据整理时常用此法，其优点是形式直观、简单，能直接显示数据中的最大和最小值、转折点或变化规律等。如图形绘制得准确，则可在不知道数学公式的情况下进行图解积分或微分。

作图步骤如下：

（1）选择合适的坐标   作图法用坐标有直角坐标、三角坐标、对数坐标等。最常用的为直角坐标，一般横坐标代表自变量，纵坐标代表因变量。

（2）根据数据描点   由于每一个数据都含有一定误差，因此每一个数据都不能简单地用一个点来表示，而用误差矩形来表示。矩形的边长代表数据的误差值，而矩形的中心代表数据的平均值。若自变量和因变量二者误差相等，则可用圆代替上述的矩形。

（3）作曲线   在图上标出数据点后，即可将点连成曲线。若数据点过少则不易反映出曲线趋势，即不易表达出参量之间的变化规律；反之，数据点过多也不经济。当只要求表示被测物理量的变化趋势时，可以用三点画出曲线。当需要进一步研究变化规律时，则必须有足够的数据点。绘制曲线时应使曲线光滑均匀，尽量减少和避免转折点或奇异点；曲线应尽量与所有点接近，但不一定必须通过所有点；所作曲线应使位于曲线两侧的数据点数近似相等。

3. 实验数据列表

列表就是将一组实验数据中的自变量、因变量的各个数据依一定形式和顺序一一对应列成表格。列表的优点是简单易作、形式紧凑、数据易比较，同一表内可同时表示多个变量之间的关系。

列表要求：①完整的列表应有标题，表中应包括序号、名称、项目、说明等；②表的名称应简明扼要，项目应完整；③数字写法整齐统一；④自变量间距选择不要过大或过小；⑤有效数字位数取位合理。

4. 经验公式与回归分析

在生产和科学实验中，测量和数据处理的目的并不只是获得被测量的估计值，有时还要寻求两个或多个参量间的内在关系。虽然实验数据列表、绘图也能表达参量间的关系,但数学表达式能更客观地反映事物之间的内在规律,便于从理论上进一步分析研究。这个数学表达式称为经验公式,通过回归分析得到,所以也称回归方程。回归分析包括两方面的内容:一是选择经验公式的类型,二是确定经验公式中的待定系数。

1)选择经验公式的类型

通常将实验数据作图,根据经验及解析几何的知识确定公式的类型。经验证后若公式不合适,则可重新选择公式类型并验证,直到令人满意为止。常用的经验公式即回归方程有线性方程、抛物线方程、高次多项式、幂函数、指数、双曲函数等。

2)确定经验公式系数

(1)直线图解法　经验公式能用直线或经过适当变换能用直线描述的均可用直线图解法确定系数。将实验数据(或经过变换的实验数据)x、y 的对应值描绘在直角坐标系下,画一条直线,尽量使直线两边的数据点数相等。设直线方程为 $y = a_0 + a_1 x$,a_0 为直线在 y 轴上的截距,可在图上直接读取,a_1 为直线的斜率,可由 $\Delta y / \Delta x$ 求出。

(2)最小二乘法　最小二乘法是确定经验公式中系数的最好方法,计算结果精度高。此法假定自变量数值无误差,因变量有测量误差,使经验公式表示的实验曲线与各测量数据点的偏差的平方和最小。

① 确定多项式经验公式系数。

某测量系列 $(x_i, y_i)(i=1,2,\cdots,m)$ 用多项式 $p_n(x)$ 回归:

$$p_n(x) = a_0 + a_1 x + a_2 x^2 + \cdots + a_n x^n \quad (n < m) \tag{3.27}$$

如果把 x_i 处的偏差记为 $D_i = p_n(x_i) - y_i$,则最小二乘法要求各节点的偏差 D_i 的平方和最小,即

$$\phi = \phi(a_0, a_1, \cdots, a_n) = \sum_{i=1}^{m} D_i^2 = \sum_{i=1}^{m} (p_n(x_i) - y_i)^2 \to \min \tag{3.28}$$

只要求出 $\phi = \phi_{\min}$ 时的 $a_j (j=0,1,2,\cdots,n)$,并代入式(3.27),即可得偏差平方和最小的多项式方程。求多元函数的极值问题:

$$\frac{\partial \phi(a_0, a_1, \cdots, a_n)}{\partial a_j} = 0 \quad (j = 0,1,2,\cdots,n) \tag{3.29}$$

或

$$a_0 \sum_{i=1}^{m} x_i^j + a_1 \sum_{i=1}^{m} x_i^{j+1} + \cdots + a_n \sum_{i=1}^{m} x_i^{j+n} = \sum_{i=1}^{m} x_i^j y_i$$
$$(j = 0, 1, 2, \cdots, n) \tag{3.30}$$

令 $\sum_{i=1}^{m} x_i^k = s_k$，$\sum_{i=1}^{m} x_i^k y_i = t_k$，得线性方程组

$$\begin{cases} s_0 a_0 + s_1 a_1 + \cdots + s_n a_n = t_0 \\ s_1 a_0 + s_2 a_1 + \cdots + s_{n+1} a_n = t_1 \\ \quad\quad\vdots \\ s_n a_0 + s_{n+1} a_1 + \cdots + s_{2n} a_n = t_n \end{cases} \tag{3.31}$$

解线性方程组，即可得到各系数 $a_j (j=0,1,2,\cdots,n)$。

当 $n=1$ 时可确定线性公式中的系数，此时

$$a_0 = \frac{\sum_{i=1}^{n} x_i y_i \sum_{i=1}^{n} x_i - \sum_{i=1}^{n} y_i \sum_{i=1}^{n} x_i^2}{\left(\sum_{i=1}^{n} x_i \right)^2 - n \sum_{i=1}^{n} x_i^2} \tag{3.32}$$

$$a_1 = \frac{\sum_{i=1}^{n} x_i \sum_{i=1}^{n} y_i - n \sum_{i=1}^{n} x_i y_i}{\left(\sum_{i=1}^{n} x_i \right)^2 - n \sum_{i=1}^{n} x_i^2} \tag{3.33}$$

$n=2$ 时可确定抛物线回归公式中的系数。

② 确定曲线型经验公式系数。

若两物理量的对应测量值为 $x_1, x_2, \cdots, x_i, \cdots, x_m, y_1, y_2, \cdots, y_i, \cdots, y_m$，已知两物理量的函数关系为

$$y = f(x; a_0, a_1, \cdots, a_i, \cdots, a_n) \tag{3.34}$$

其中 $a_0, a_1, \cdots, a_i, \cdots, a_n$ 是 $n+1$ 个待定系数，并且 $n+1 < m$。按最小二乘法原理，最佳的曲线方程满足以下关系：

$$\sum_{i=1}^{m} D_i^2 = \sum_{i=1}^{m} (f(x_i; a_0, a_1, \cdots, a_n) - y_i)^2 \rightarrow \min \tag{3.35}$$

由此可得 $n+1$ 个方程组成的线性方程组

$$
\begin{cases}
\dfrac{\partial \sum\limits_{i=1}^{m} D_i^2}{\partial a_0} = \sum\limits_{i=1}^{m} \left(f(x_i; a_0, a_1, \cdots, a_n) - y_i \right) \dfrac{\partial f}{\partial a_0} = 0 \\[4mm]
\dfrac{\partial \sum\limits_{i=1}^{m} D_i^2}{\partial a_1} = \sum\limits_{i=1}^{m} \left(f(x_i; a_0, a_1, \cdots, a_n) - y_i \right) \dfrac{\partial f}{\partial a_1} = 0 \\[2mm]
\quad\vdots \\[2mm]
\dfrac{\partial \sum\limits_{i=1}^{m} D_i^2}{\partial a_n} = \sum\limits_{i=1}^{m} \left(f(x_i; a_0, a_1, \cdots, a_n) - y_i \right) \dfrac{\partial f}{\partial a_n} = 0
\end{cases}
\tag{3.36}
$$

解线性方程组(3.36)求出 $n+1$ 个系数,代回式(3.35)即得经验公式。

③ 经验公式的验证。

这里只介绍线性经验公式的验证,它也适用于可转化为线性方程的其他经验公式的验证,如指数函数、幂函数和双曲函数经验公式。相关系数 p_{xy} 是表征两变量 x、y 之间的线性相关程度的量,可用它确定采用的线性经验公式是否合理。

$$
p_{xy} = \frac{\sum\limits_{i=1}^{n} (x_i - \bar{x})(y_i - \bar{y})}{\sqrt{\sum\limits_{i=1}^{n} (x_i - \bar{x})^2 \sum\limits_{i=1}^{n} (y_i - \bar{y})^2}}
\tag{3.37}
$$

式中: $\bar{x} = \dfrac{1}{n} \sum\limits_{i=1}^{n} x_i$; $\bar{y} = \dfrac{1}{n} \sum\limits_{i=1}^{n} y_i$ 。

若两变量 x、y 之间严格线性相关,则其相关系数 $p_{xy} = \pm 1$,数据点都落在某直线上;若实验数据相关系数 $0 < |p_{xy}| < 1$,则 x,y 之间中等线性相关;若相关系数 $p_{xy} = 0$,则表示 x、y 不相关。p_{xy} 越接近 ± 1,数据线性相关越密切;p_{xy} 越接近 0,数据线性相关越不明显。线性相关不明显的实验数据不宜用直线方程作为经验公式。

第4章 机械设计课程实验

4.1 螺栓连接静动态测试实验

4.1.1 实验目的

（1）了解螺栓连接在拧紧过程中各部分的受力与变形情况。

（2）计算螺栓相对刚度，并绘制螺栓连接的受力变形图。

（3）验证受轴向工作载荷时，预紧螺栓连接的变形规律，以及对螺栓总拉力的影响，并分析影响螺栓总拉力的因素。

（4）通过螺栓的动载实验，改变螺栓连接的相对刚度，观察螺栓动应力幅值的变化，以验证提高螺栓连接强度的各项措施。

（5）通过动载实验，改变被连接件的相对刚度，观察螺栓动应力幅的变化，以验证提高螺栓连接强度的措施。

（6）初步掌握电阻应变仪的工作原理和使用方法。

4.1.2 实验设备

（1）LZS 螺栓连接综合实验台。

（2）静动态测量仪。

（3）计算机及专用测试软件。

4.1.3 实验设备基本参数与工作原理

1. 实验设备基本参数

(1) 单个螺栓 1 根,螺栓材料为 40Cr,螺纹 M16×2,螺栓杆外径 $D_{外}=16$ mm,内径 $D_{内}=8$ mm,变形计算长度 $L_1=160$ mm,泊松比 $\mu=0.28$,弹性模量 $E=2.06×10^5$ N/mm²。

(2) 八角环材料为 40Cr,弹性模量 $E=2.06×10^5$ N/mm²,$L_2=105$ mm。

(3) 挺杆材料为 40Cr,弹性模量 $E=2.06×10^5$ N/mm²,挺杆直径 $D_3=14$ mm,变形计算长度 $L_3=65$ mm。

(4) 电阻应变片电阻值 $R=120$ Ω,灵敏系数 $k=2.20$。

(5) 应变仪 1 台:PLC 控制系统(数字输入≥14 点,输出≥10 点,两路 12 位精度模拟量输入),直接 USB 连接,16 路应变仪配 5 寸液晶触摸屏。

(6) 交流三相异步电动机 1 台,功率 $P=375$ W,$U=380$ V,$n=910$ r/min。

(7) 千分表 2 个,分度值 0.001 mm,量程 0~1 mm。

2. 实验设备工作原理

螺栓连接实验台的结构主要包括三部分:螺栓部分、被连接件部分和加载部分,如图 4.1 所示。

(1) 螺栓部分包括 M16 空心螺栓 10、大螺母 12、组合垫片 13 和 M8 小螺杆 17,空心螺栓贴有测拉力和扭矩的两组应变片,分别测量螺栓在拧紧时所受的预紧拉力和扭矩。空心螺栓的内孔中装有 M8 小螺杆,拧紧或松开其上的手柄杆,即可改变空心螺栓的实际受载面积,以达到改变连接件刚度的目的。组合垫片设计成刚性和弹性两用的结构,用以改变被连接件系统的刚度。

(2) 被连接件部分由上板 20、下板 5 和八角环 15、锥塞 7 组成,八角环上贴有一组应变片,测量被连接件受力的大小,中部有锥形孔,插入或拔出锥塞即可改变八角环的受力,以改变被连接件系统的刚度。

(3) 加载部分由蜗杆 2、蜗轮 4、挺杆 18 和弹簧 9 组成,挺杆上贴有应变片,用以测量所加工作载荷的大小,蜗杆一端与电动机 1 相连,另一端装有手轮 19,启动电动机或转动手轮使挺杆上升或下降,以达到加载、卸载(改变工作载荷)的目的。

实验台各被测件的应变量用静动态电阻应变仪(见图 4.2)测量,通过标定或计算

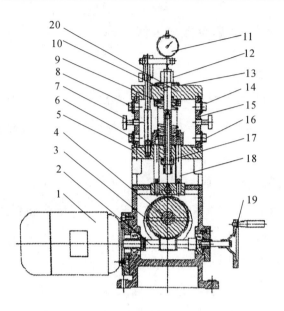

图 4.1　LZS-A 型螺栓连接静动态实验台

1—电动机;2—蜗杆;3—凸轮;4—蜗轮;5—下板;6—扭力插座;7—锥塞;

8—拉力插座;9—弹簧;10—空心螺栓;11—千分表;12—大螺母;

13—组合垫片(一面刚性一面弹性);14—八角环压力插座;15—八角环;

16—挺杆压力插座;17—M8 小螺杆;18—挺杆;19—手轮;20—上板

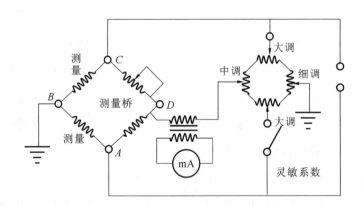

图 4.2　应变仪原理图

即可换算出各部分的应变量大小。静动态电阻应变仪是利用金属材料的特性,将非电量的变化转换成电量变化的测量仪,应变测量的转换元件——应变片是用极细的金属电阻丝绕成或用金属箔片印刷腐蚀而成的。用黏结剂将应变片牢固地贴在被测物体上,当被测物体受到外力作用长度发生改变时,粘贴在被测物体上的应变片也相应变化,应变片的电阻值也随之发生了 ΔR 的变化,这样就把机械量变化转换成电量(电阻值)的变化。用灵敏的电阻测量仪——电桥测出电阻值的变化 $\Delta R/R$,就可以换算出相应的应变 ε,并可以直接在测量仪的液晶显示屏上读出应变值。通过 A/D 板向计算机发送被测点的应变值,供计算机处理。

LZS 螺栓连接综合实验台各测点均采用箔式电阻应变片,其阻值为 120 Ω,灵敏系数 $k=2.20$,各测点均为两片应变片,按半桥测量要求粘贴组成图 4.3 所示半桥电路(即测量桥的两桥臂),图中 A、B、C 三点应为连接线中的三色细导线,B 点为两应变片之公共点。

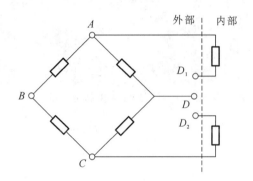

图 4.3　测量桥连接图

4.1.4　实验内容

(1) 螺栓连接静、动态实验(空心螺栓＋刚性垫片＋无锥塞)。

(2) 改变螺栓刚度的静、动态实验(实心螺栓)。

(3) 改变垫片刚度的静、动态实验(刚性垫片、弹性垫片)。

(4) 改变被连接件刚度的静、动态实验(有锥塞、无锥塞)。

4.1.5　实验方法和步骤

初始时,实验台八角环上未安装两锥塞,空心螺栓上的 M8 小螺杆手柄为松开状态,组合垫片为刚性垫片。下面以空心螺栓连接静、动态实验为例说明实验方法和步骤。

螺栓实验分静态螺栓实验和动态螺栓实验,在进行动态螺栓实验前需做一次静态螺栓实验,具体如下。

1. 螺栓连接静态实验方法与步骤

1) 开始实验

先打开应变仪电源开关,启动计算机,打开测试软件,单击"螺栓",选择"静态螺栓实验"进入实验主界面,如图 4.4 所示。

图 4.4　螺栓连接测试软件界面

2) 卸载校零

(1) 载荷调零:转动实验台手轮,挺杆下降,使弹簧下端接触下板面,卸掉弹簧施加给空心螺栓的轴向载荷。

(2) 预紧力调零:用扭力扳手逆时针拧大螺母,卸掉预紧力,然后手拧大螺母至其恰好与垫片接触,螺栓不应有松动的感觉。

(3) 千分表调零:转动表盘,分别将两只千分表调零。

(4) 应变仪调零:通过螺栓连接测试软件界面将应变仪调零,如图 4.5 所示,单击"校零"键。

3) 预紧标定

(1) 用扭力矩扳手拧大螺母,预紧被试螺栓,当千分表测量的螺栓拉变形值为 $30\sim40~\mu m$ 时,取下扳手,将千分表测量的螺栓拉变形值和八角环压变形值输入相应的"千分表值输入"框中,如图 4.6 所示。

(2) 单击"预紧"键,螺栓预紧后,进行预紧工况的数据采集和处理,如图 4.7 所示。

(3) 如果预紧正确,单击"预紧标定"键进行参数标定,同时生成预紧时的理论曲

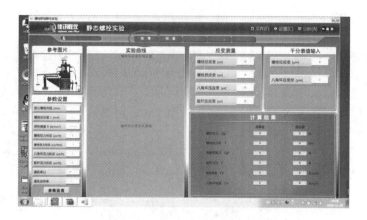

图 4.5　螺栓连接测试软件调零

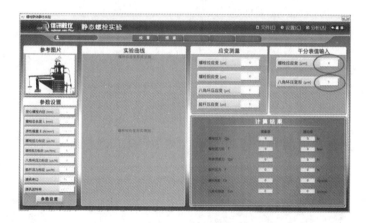

图 4.6　螺栓连接测试软件千分表值输入

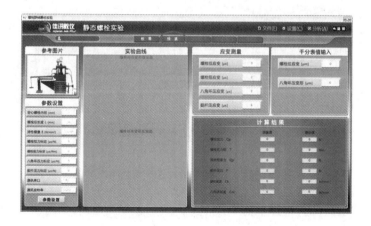

图 4.7　螺栓连接测试软件预紧操作

线与实际测量的曲线图,如图 4.8 所示。

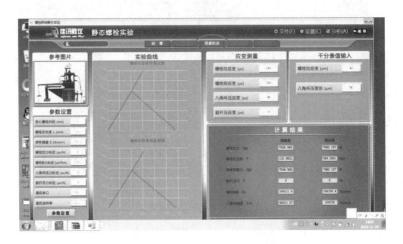

图 4.8　螺栓连接测试软件预紧标定操作

4）加载标定

（1）用手顺时针（面对手轮）旋转实验台上手轮,使挺杆上升至一定高度,压缩弹簧对空心螺栓轴向加载,当软件界面中挺杆的压应变达到最大时,停止加载。

（2）将千分表测到的变形值再次输入相应的"千分表值输入"框中,如图 4.9 所示。

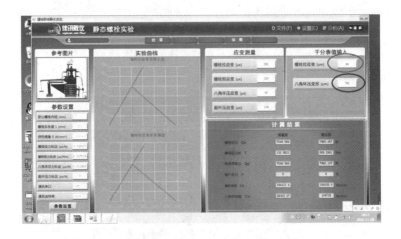

图 4.9　螺栓连接测试软件千分表值再次输入

（3）单击"加载"键,进行轴向加载工况的数据采集和处理,如图 4.10 所示。

（4）如果加载正确,单击"加载标定"键进行参数标定,同时生成理论曲线与实际测量的曲线图,如图 4.11 所示。

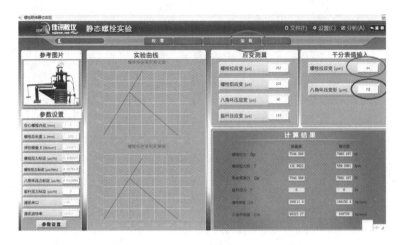

图 4.10　螺栓连接测试软件加载操作

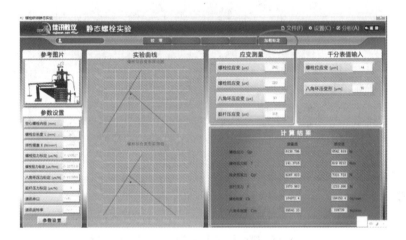

图 4.11　螺栓连接测试软件加载标定操作

5）生成报告

点击"分析""实验报告"键，生成实验报告。

2. 螺栓连接动态实验方法与步骤

（1）螺栓连接的静态实验结束后，不要关闭软件，单击界面右上角"返回"键，返回上个界面，单击"动态螺栓"进入动态螺栓实验界面，如图 4.12 所示。

（2）取下实验台右侧手轮，开启实验台电动机开关，使电动机运转。单击"动态测试"键，进行动态工况的采集和处理，生成理论曲线与实际测量的曲线图，如图 4.13 所示。当曲线稳定后，单击"停止测试"键。

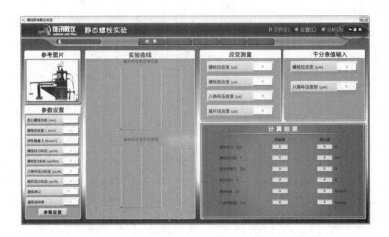

图 4.12　螺栓连接测试软件返回操作

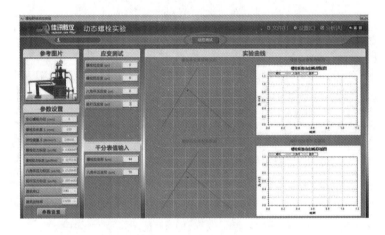

图 4.13　螺栓连接测试软件动态测试操作

（3）点击"分析""实验报告"键，生成实验报告。

（4）用扭力扳手拧松螺母，卸载预紧力，并将手轮安回，转动手轮，卸载工作载荷。

（5）关闭测试仪，关闭软件，关闭计算机。

4.1.6　注意事项

（1）进行动态实验，开启电动机电源开关时必须注意把手轮卸下来，避免电动机转动时发生安全事故，并可减少实验台振动和噪声。

（2）不能带电插拔信号插头，以免烧坏串口。

（3）采集数据时，必须等数显数据稳定后进行。

4.1.7 思考题

(1) 分析实验数据,说明影响螺栓变形的因素。

(2) 影响螺栓连接相对刚度的因素有哪些?

(3) 提高承受变载荷的螺栓连接疲劳强度的措施有哪些?

4.1.8 实验报告及要求

实验报告要求使用专用的实验报告册,包括以下内容。

(1) 实验目的。

(2) 实验原理。

(3) 实验数据:记录静态实验时螺栓预紧后螺栓的拉力、扭力矩,加载前后螺栓和被连接件的受力与变形;绘制螺栓静态受力下的理论和实测受力变形图;绘制螺栓动态受力下的理论和实测受力变形图;绘制动载荷下螺栓、八角环和挺杆的载荷变化曲线;计算动载荷下螺栓最大应力、最小应力和应力幅。

(4) 实验结果分析:对比螺栓的理论和实测变形图,分析差别并说明原因;分析动载荷下影响螺栓应力幅的因素。

4.2 多功能螺栓组连接特性综合测试实验

4.2.1 实验目的

(1) 测试螺栓组连接在翻转力矩作用下各螺栓所受的载荷。

(2) 深化课程学习中对螺栓组连接受力分析的认识。

(3) 了解单个螺栓预紧力大小对螺栓组中其他各螺栓受力的影响。

(4) 初步认知电阻应变仪的工作原理和使用方法。

4.2.2 实验设备

(1) 多功能螺栓组连接实验台。

（2）电阻应变仪。

（3）砝码。

（4）计算机及专用测试软件。

4.2.3　实验设备基本参数与工作原理

1. 实验设备基本参数

（1）螺栓组被测螺栓 10 根，中段直径 $\phi6.5$ mm，两端螺纹 M10，螺栓材料 40Cr。

（2）电阻应变片电阻值 $R=120$ Ω；灵敏系数 $k=2.20$。

（3）应变仪 1 台：PLC 控制系统（数字输入≥14 点，输出≥10 点，两路 12 位精度模拟量输入），直接 USB 连接，16 路应变仪配 5 寸液晶触摸屏。

（4）1 kg 砝码 2 个，0.5 kg 砝码 1 个。

2. 实验设备工作原理

多功能螺栓组连接实验台结构如图 4.14 所示，被连接件机座 1 和托架 4 被双排共 10 个测试螺栓 2 连接，连接面间加入垫片 11（硬橡胶板），砝码 7 的重力通过双级杠杆系统 6（1：75）增力作用到托架 4 上，托架受到翻转力矩的作用，螺栓组连接受横向载荷和倾覆力矩联合作用，各个螺栓所受轴向力不同，它们的轴向变形也就不同。在各个螺栓上贴有电阻应变片，可在螺栓中段测试部位的任一侧贴一片，或在对称的两侧各贴一片，如图 4.15 所示。各个螺栓的受力可通过贴在其上的电阻应变片的变形，用电阻应变仪测得。

静态电阻应变仪的工作原理如图 4.16 所示，主要由滤波器、A/D 转换器、微控制单元（MCU）、显示屏组成。测量方法为：DC 2.5 V 高精度稳定桥压供电，通过高精度放大器，把测量桥桥臂压差放大，后经过数字滤波器，滤去杂波信号，通过 A/D 模数转换器送入 MCU（即 CPU）进行处理，调零点方式采用计算机内部自动调零，由显示屏显示测量数据。

$$\Delta U_{BD} = \frac{E}{4K}\varepsilon \tag{4.1}$$

式中：ΔU_{BD} 为工作电阻应变片平衡电压差；E 为桥压；K 为电阻应变系数；ε 为应变值。

当工作电阻应变片由于螺栓受力变形，长度变化 ΔL 时，其电阻也要变化 ΔR，并且 $\Delta R/R$ 正比于 $\Delta l/l$，ΔR 使测量桥失去平衡。通过应变仪测量出 ΔU_{BD} 的变化，即可测量出螺栓的应变量。

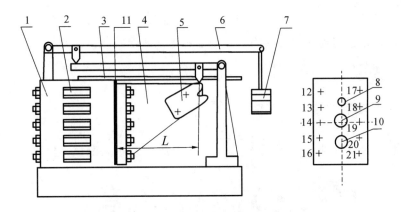

图 4.14　多功能螺栓组连接实验台结构

1—机座；2—测试螺栓；3—测试梁；4—托架；5—测试齿块；6—杠杆系统；7—砝码；

8—齿板接线柱；9,10—螺栓；11—垫片；12～21—接线柱

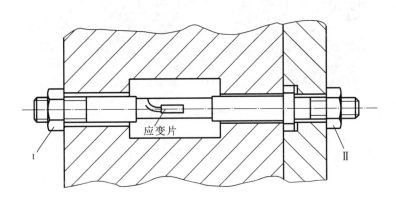

图 4.15　螺栓安装及贴片图

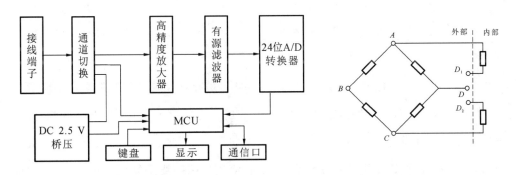

图 4.16　静态应变仪系统组成及工作原理

4.2.4　实验内容

（1）测试螺栓组连接在翻转力矩作用下各螺栓所受的载荷。

（2）改变载荷大小，完成螺栓连接受力曲线图。

4.2.5　实验步骤

（1）打开测试软件，点击"螺栓组"，如图 4.17 所示，进入测试主界面。

图 4.17　螺栓组连接测试软件

抬起杠杆加载系统，不使加载系统的自重加到螺栓组连接件上。检查各螺栓处于卸载状态，如果在实验前螺栓已经受力，则应将其拧松后再进行初预紧。初预紧的方法是先用手（不能用扳手）拧紧螺栓组左端各螺母，再用手拧紧右端螺母，实现螺栓初预紧。

（2）在初预紧情况下，点击"基准校零"，把应变仪上各个测量点的应变量都调到零，实现预调平衡，如图 4.18 所示。

（3）用扳手交叉拧紧螺栓组右端各螺母，使各螺栓均预紧到相同的设定预应变量（应变仪显示的相对应变值为 $280 \sim 320\ \mu\varepsilon$），为防止各螺栓预紧变形的相互影响，各螺栓应先后交叉并重复预紧（可按螺栓序号 12、21、16、17、18、15、13、20、19、14 依次进行），预紧一遍后再按照上述顺序预紧第二遍、第三遍……要反复调整预紧 3～4 次或更多。在预紧过程中，用应变仪监测，直到所有通道的相对应变值达到要求为止。再点击"读全通道值"，如图 4.19 所示。

图 4.18　螺栓组连接测试软件基准校零

图 4.19　螺栓组连接测试软件读取全通道值

（4）完成螺栓预紧后,在杠杆加载系统上依次增加砝码,实现逐步加载。加载后,再点击"负载实验 1",记录各螺栓的应变值(据此计算各螺栓的总拉力)。注意:加载后,任一螺栓的总应变值(预紧应变＋工作应变)不应超过允许的最大应变值($\varepsilon_{max} \leqslant$ 800 $\mu\varepsilon$),以免造成螺栓超载损坏。

（5）依次增加砝码,实现逐步加载,依次点击"负载实验 2""负载实验 3",记录各螺栓的应变值,自动生成曲线。

（6）点击"分析""实验报告",如图 4.20 所示。

（7）测试完毕,逐步卸载,并去除各螺栓预紧力。

图 4.20　螺栓组连接测试软件实验报告生成

(8) 整理数据,计算各螺栓的总拉力,填写实验报告。

4.2.6　注意事项

(1) 按键"全部清零"指将"负载"和"基准清零"中的数据清零。

(2) 加载后,任一螺栓的总应变值(预紧应变+工作应变)不应超过允许的最大应变值($\varepsilon_{max} \leqslant 800\ \mu\varepsilon$),以免造成螺栓超载损坏。

(3) 不能带电插拔信号插头,以免烧坏串口。

4.2.7　思考题

(1) 螺栓组连接理论计算与实测的工作载荷间存在误差的原因有哪些?

(2) 实验台上的螺栓组连接可能的失效形式有哪些?

4.2.8　实验报告及要求

实验报告要求使用专用的实验报告册,包括以下内容。

(1) 实验目的。

(2) 实验原理。

(3) 实验条件。

(4) 实验数据:记录预紧后各螺栓的应变值和加载条件下各螺栓的应变值,计算各螺栓的工作拉力和总拉力,绘制加载条件下各螺栓的工作拉力和总拉力的理论与实测图。

（5）实验结果分析：分析螺栓组中各螺栓受力的差异，并说明原因；分析理论受力图与实测受力图的差异，并说明原因。

4.3　带传动效率测试分析实验

4.3.1　实验目的

（1）观测带传动中的弹性滑动和打滑现象，以及它们与带传递载荷之间的关系。

（2）比较预紧力大小对带传动承载能力的影响。

（3）比较分析平带、V 带和圆带传动的承载能力。

（4）测定并绘制带传动的弹性滑动曲线和效率曲线，了解带传动所传递载荷与弹性滑差率及传动效率之间的关系。

（5）了解带传动实验台的构造和工作原理，掌握带传动转矩、转速的测量方法。

4.3.2　实验设备

（1）CQP-C 带传动实验台。

（2）传动带和带轮。

（3）装配工具。

4.3.3　实验设备基本参数与工作原理

1. 实验设备基本参数

（1）直流伺服电动机：功率 355 W，调速范围 50～1500 r/min，精度 1 r/min。

（2）预紧力最大值：3.5 kgf（1 kgf＝9.8 N）。

（3）测力杆力臂长：$L_1=L_2=120$ mm（L_1、L_2 分别为电动机和发电机转子轴心至力传感器中心的距离）。

（4）测力杆刚度系数：$K_1=K_2=0.24$ 牛/格。

（5）带轮直径：$d_1=d_2=120$ mm。

(6) 压力传感器:精度为 1%,量程为 0~50 N。

(7) 直流发电机:功率 355 W,加载范围 0~320 W。

2. 实验设备工作原理

实验台主要结构如图 4.21、图 4.22 所示。

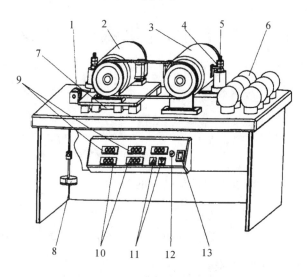

图 4.21　带传动实验台示意图一

1—定滑轮;2—电动机;3—发电机;4—测力杆;5—压力传感器;6—负载灯泡;7—光杆导轨;

8—张紧砝码;9—压力数码管;10—电机转速数码管;11—负载按钮;12—调速旋钮;13—电源开关

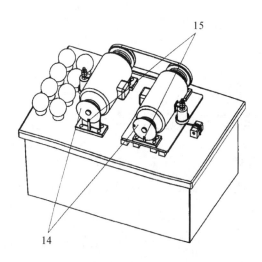

图 4.22　带传动实验台示意图二

14—测速转盘;15—光电传感器

（1）试验带装在主动带轮和从动带轮上。主动带轮装在直流伺服电动机 2 的主轴前端,该电动机为特制的两端外壳由滚动轴承支承的直流伺服电动机,滚动轴承座固定在移动底板上,整个电动机可相对两端滚动轴承座转动,移动底板能相对机座在水平方向滑动。从动带轮装在发电机 3 的主轴前端,该发电机为特制的两端外壳由滚动轴承支承的直流伺服发电机,滚动轴承座固定在机座上,整个发电机也可相对两端滚动轴承座转动。

（2）砝码及砝码架通过尼龙绳与移动底板相连,用于张紧实验带,增加或减少砝码,即可增大或减小带的初拉力。

（3）发电机的输出电路中并联有 8 个 40 W 灯泡,组成实验台加载系统,该加载系统可通过计算机软件主界面上的加载按钮控制,也可用实验台面板上触摸按钮 3、4（见图 4.23）进行手动控制并显示。

（4）实验台面板布置如图 4.23 所示。

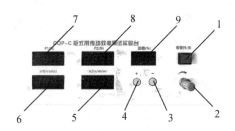

图 4.23　带传动实验台面板布置

1—电源开关;2—电动机转速调节旋钮;3—卸载按钮;4—加载按钮;5—发电机转速显示;

6—电动机转速显示;7—电动机转矩显示;8—发电机转矩显示;9—加载显示

（5）主动带轮的驱动转矩 T_1 和从动带轮的负载转矩 T_2 均是通过电动机外壳的反力矩来测定的。当电动机 2 启动和发电机 3 加负载后,由于定子与转子间磁场的相互作用,电动机的外壳(定子)将向转子回转的反向(逆时针)翻转。两电机外壳上均固定有测力杆 4,把电机外壳翻转时产生的转矩力传递给传感器 5。主、从动带轮转矩力可直接在面板上的数码管窗口读取,并可传到计算机中进行计算分析。带传动实验分析界面窗口直接显示主、从动带轮上的转矩值。

主、从动带轮上的转矩分别为

$$T_1 = Q_1 L_1 \tag{4.2}$$

$$T_2 = Q_2 L_2 \tag{4.3}$$

式中：Q_1、Q_2 分别为电动机和发电机的转矩，N；L_1、L_2 分别为电动机和发电机转子中心至传感器轴心距离，即力臂长（$L_1=L_2=120$ mm）。

（6）电动机和发电机的主轴后端均装有光电测速转盘 14，转盘上有一小孔，转盘一侧固定有光电传感器，传感器侧头正对转盘小孔，主轴转动时，可在实验台面板上的数码管窗口直接读出主轴转速（即带轮转速），并可传送到计算机中进行计算分析。

（7）滑差率 ε 计算。

主、从动带轮转速 n_1、n_2 可从实验台面板窗口或带传动实验分析界面窗口上直接读出。由于带传动存在弹性滑动，故 $v_2 < v_1$，其速度降低程度用滑差率 ε 表示为

$$\varepsilon = \frac{v_1 - v_2}{v_1} \times 100\% = \frac{d_1 n_1 - d_2 n_2}{d_1 n_1} \times 100\% \tag{4.4}$$

当 $d_1 = d_2$ 时，
$$\varepsilon = \frac{n_1 - n_2}{n_1} \times 100\%$$

式中：d_1、d_2 分别为主、从动带轮基准直径，mm；v_1、v_2 分别为主、从动带轮的圆周速度，m/s；n_1、n_2 分别为主、从动带轮的转速，r/min。

（8）主动轮与从动轮传递的转矩 T_1、T_2 分别为

$$T_1 = 9550 \frac{P_1}{n_1} \tag{4.5}$$

$$T_2 = 9550 \frac{P_2}{n_2} \tag{4.6}$$

（9）有效圆周力 F 为

$$F = F_1 - F_2 \tag{4.7}$$

式中：F_1 为紧边拉力；F_2 为松边拉力。

由

$$T_1 = (F_1 - F_2) \times \frac{d_1}{2} \tag{4.8}$$

可得有效圆周力为

$$F = \frac{2T_1}{d_1} \tag{4.9}$$

（10）带传动效率 η 为

$$\eta = \frac{P_2}{P_1} = \frac{T_2 n_2}{T_1 n_1} \times 100\% \tag{4.10}$$

式中：P_1、P_2 分别为主、从动带轮上的功率。

改变带传动的负载,其 T_1、T_2、n_1、n_2 也都随之改变,这样就可算得一系列 ε、η 值,以有效圆周力 F 为横坐标,分别以 ε、η 为纵坐标,可绘制出弹性滑动曲线和效率曲线。

4.3.4　实验内容

(1)完成平带、V 带和圆带传动效率测试,比较它们之间的效率值。

(2)分析同一种皮带效率和滑差率之间的关系。

4.3.5　实验步骤

(1)打开计算机,双击"带传动性能测试系统"图标,进入带传动实验测试分析界面。

(2)在实验台带轮上安装实验传动带,接通实验台电源,电源指示灯亮,调整测力杆,使其处于平衡状态;加砝码,使带具有预紧力。

(3)在启动实验台电源开关之前,须逆时针旋转控制面板上的调速旋钮,确保其处于初始位置,以避免电动机通电后突然高速转动产生冲击,损坏传感器等零部件。

(4)按顺时针方向慢慢地旋转电动机转速调节旋钮,使电动机逐渐加速到 $n_1=$ 1000 r/min左右,在带传动测试系统内单击"开始采集",如图 4.24 所示。

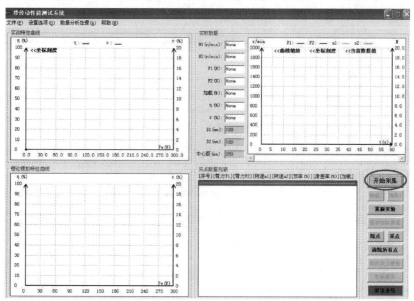

图 4.24　带传动性能测试系统测试界面一

（5）待带传动运动平稳后，单击"采点"，如图 4.25 所示，记录带轮转速 n_1、n_2 和电动机转矩 Q_1、Q_2 一组数据。

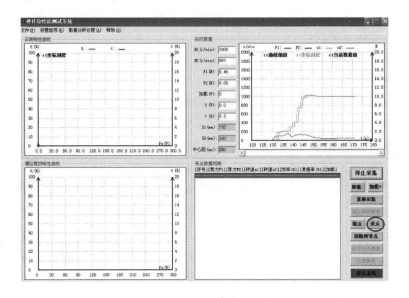

图 4.25　带传动性能测试系统测试界面二

（6）单击"加载"增加负载，如图 4.26 所示，每次加载，发电机功率相应增加 5%，直到负载增加至 50% 左右，带传动进入打滑区，若再继续增加负载，n_1 与 n_2 之差迅速增大，带传动出现明显打滑现象，观察实验台带传动的打滑现象。

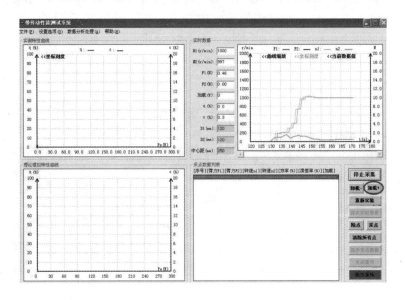

图 4.26　带传动性能测试系统测试界面三

（7）如果实验效果不理想，单击“除点”或“重新实验”，即可从第 4 步起重做实验。

（8）单击“数据分析处理”，如图 4.27 所示，选择弹性滑动曲线和效率曲线的拟合方式，最终得到带传动弹性滑动曲线和效率曲线，如图 4.28 所示。

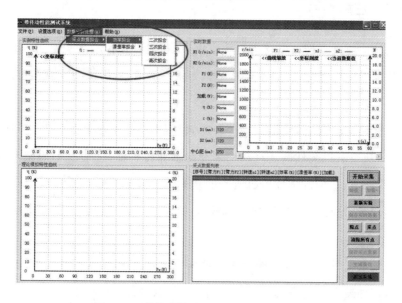

图 4.27 带传动性能测试系统测试界面四

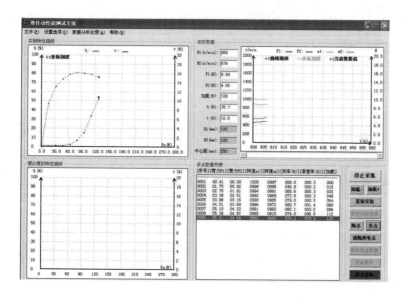

图 4.28 带传动性能测试系统测试界面五

（9）实验完成后，单击“卸载”，将负载调至零，并逆时针缓慢旋转电动机调速旋钮，将转速调至零，关闭电源键，单击“退出系统”，返回桌面，关闭计算机。

（10）整理实验数据，手动或用相关绘图软件绘制带传动弹性滑动曲线和效率曲线。

4.3.6 注意事项

（1）实验前应反复推动电动机移动底板，使其运动灵活。

（2）带及带轮应保持清洁，不得粘油。如果不清洁，可用汽油或酒精清洗，再用干抹布擦干。

（3）在开启实验台电源开关之前，必须做到：①将面板上转速调节旋钮逆时针旋到止位，以避免电动机突然高速运动产生冲击损坏传感器；②应在砝码架上加上一定的砝码，使带张紧；③应卸去发电机所有的载荷。

（4）实验时，先将电动机转速逐渐调至 1000 r/min，稳定 5 min，使带传动性能稳定。

（5）采集数据时，一定要等转速窗口数据稳定后进行，两次采集间隔 5～10 s。

（6）当带加载至打滑时，运转时间不能过长，以防带过度磨损。

（7）若出现平带飞出的情况，可将带调头后装上带轮，再进行实验。若带调头后仍出现飞出情况，则需将电机支座固定螺钉拧松，将两电机的轴线调整平行后再拧紧螺钉，装带进行实验。

4.3.7 思考题

（1）带传动的弹性滑动和打滑有何不同？产生的原因是什么？各有何后果？

（2）比较不同预紧力作用下，带的弹性滑动曲线及效率曲线各有何不同？

（3）比较平带、V 带、圆带传动的承载能力，说明原因。

（4）比较两种不同预紧力时 V 带传动的承载能力，说明原因。

（5）综合分析影响带传动承载能力的因素。

4.3.8 实验报告及要求

实验报告要求使用专用的实验报告册，包括以下内容。

（1）实验目的。

（2）实验原理。

（3）实验数据：记录带传动基本参数，不同预紧力作用下实验测试数据。

（4）实验图表：绘制效率曲线和滑动曲线。

（5）实验结果分析：分析不同普通 V 带、平带和圆带传动效率和滑动曲线。

4.4　齿轮传动效率测试分析实验

4.4.1　实验目的

（1）了解齿轮传动实验台结构及其工作原理。

（2）测定齿轮传动的效率，掌握测试方法，加深对齿轮传动效率与转速和载荷关系的理解。

（3）通过齿轮传动装置实验，进一步了解齿轮传动性能。

（4）掌握转矩、转速、功率、效率的测量方法。

（5）了解利用封闭式功率流测定机械传动效率的原理。

4.4.2　实验设备

（1）齿轮传动实验台。

（2）计算机。

4.4.3　实验设备基本参数与工作原理

1. 实验设备基本参数

（1）直齿圆柱齿轮减速器 1 台；$m=2$，$z_1=17$，$z_2=94$，加工精度 8-8-7GK 和 8-8-7EJ。

（2）斜齿圆柱齿轮减速器 1 台；$m=2$，$z_1=19$，$z_2=95$，加工精度 8-8-7GK 和 8-8-7EJ。

（3）直流调速电动机 1 台，调速范围 0～1500 r/min，功率 355 W。

（4）磁粉制动器 1 个，额定转矩 50 N·m。

2. 实验设备工作原理

齿轮传动实验台结构如图 4.29 所示,其动力源自一台直流调速电动机 7,电动机的转轴由一对固定在底座上的轴承支架 6 托起,因而电动机的定子连同外壳可以绕转轴摆动。转子的轴头通过联轴器 4 与齿轮减速器的输入轴相连,直接驱动输入轴转动。电动机机壳上装有测矩杠杆,通过测力传感器 1,可测出电动机工作时的输出转矩(即齿轮减速器的输入转矩)。

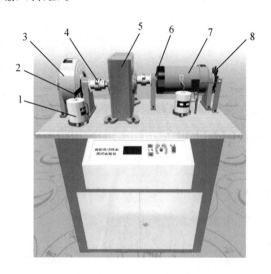

图 4.29　齿轮传动实验台结构示意图

1—测力传感器;2—测矩杠杆;3—磁粉制动器;4—梅花弹性联轴器;

5—齿轮减速器;6—轴承支架;7—直流调速电动机;8—测速传感器

被测减速器的箱体固定在实验台底座上,直齿圆柱齿轮减速器传动比 $i=5$,斜齿圆柱齿轮减速器传动比 $i=5.53$,其动力输出轴上装有磁粉制动器 3,改变磁粉制动器输入电流的大小即可改变负载制动力矩的大小。实验台面板上布置或装有电动机转速调节按钮和加载按钮,以及转速和加载显示装置等,电动机转速、输入及输出力矩等信号通过单片机数据采集系统输入上位机,进行数据处理后即可显示实验结果和曲线。实验台原理框图如图 4.30 所示。

齿轮的传动效率是由输出功率与输入功率之比来确定的。而功率的大小又是由与齿轮相连的电动机的转速和转矩求得的,即

$$\eta = \frac{P_2}{P_1} = \frac{T_2 n_2}{T_1 n_1} \times 100\% \qquad (4.11)$$

式中：T_1 为输入转矩，N·m；T_2 为输出转矩，N·m；n_1 为输入转速，r/min；n_2 为输出转速，r/min。

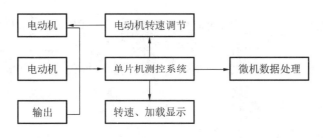

图 4.30　齿轮传动效率测试实验台原理框图

4.4.4　实验内容

（1）当齿轮传动系统工作在一定转速时，改变输出负载的大小，测定齿轮传动系统输入功率 P_1 和相应的输出功率 P_2，从而得出在不同负载下的传动效率 η。

（2）当齿轮传动系统工作在一定负载时，改变输出转速的大小，测定齿轮传动系统输入功率 P_1 和相应的输出功率 P_2，从而得出在不同负载下的传动效率 η。

4.4.5　实验步骤

（1）打开设备电源开关，电源指示灯亮，实验台控制屏幕常亮。

（2）启动计算机，双击计算机桌面上的"齿轮传动实验测试系统"，进入实验软件主界面，如图 4.31 所示。

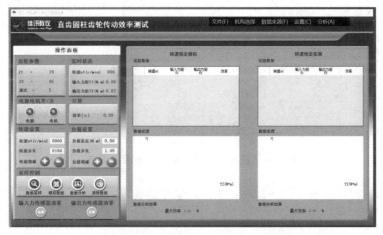

图 4.31　齿轮传动效率测试系统主界面

　　（3）在测试系统中，点击"机构选择"，在下拉菜单中根据实验台选择齿轮的齿形，即选择"直齿圆柱齿轮减速器"或"斜齿圆柱齿轮减速器"，如图 4.32 所示。

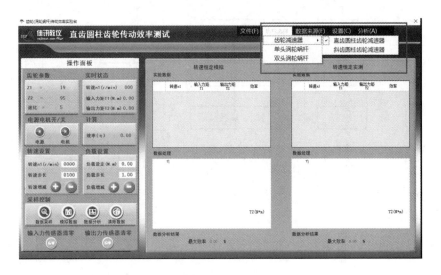

图 4.32　齿轮传动效率测试系统齿形选择界面

　　（4）在测试系统中，依次点击"输入力传感器清零"和"输出力传感器清零"，如图 4.33 所示。

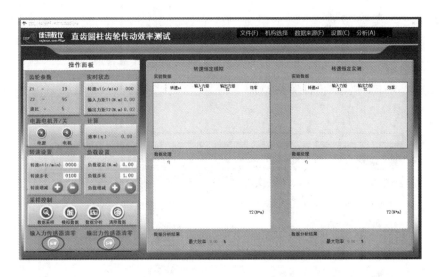

图 4.33　齿轮传动效率测试系统清零界面

　　（5）在测试系统中，点击"数据来源"→"采集新数据"，选择"转速恒定"，如图 4.34 所示。

图 4.34　齿轮传动效率测试系统实验条件选择界面

（6）在测试系统中,依次点击"电源电机开/关"中的"电源""电机",如图 4.35 所示,待电动机启动后,将工作转速设定为 1000 r/min。

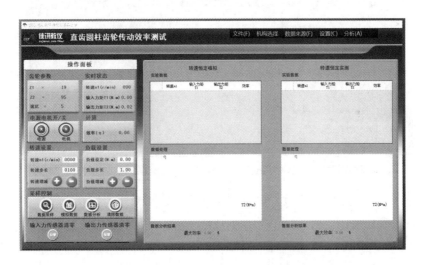

图 4.35　齿轮传动效率测试系统启动界面

（7）点击"负载步长"输入框,将负载步长数值设定为 2 N·m,观察测试系统中的实时状态,待实时数据处于稳定状态后,点击"数据采样",如图 4.36 所示。

（8）点击"负载步长"输入框,将负载步长数值设定为 2 N·m,点击"＋"按键进行加载,改变当前的负载值,观察实时状态中的"输出力矩",待输出力矩数值接近当前所设定的负载值后,点击"数据采样",如图 4.37 所示。

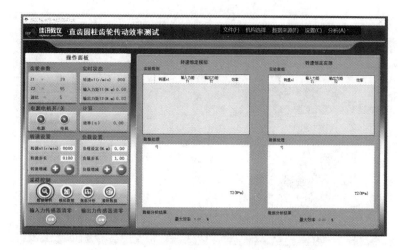

图 4.36　齿轮传动效率测试系统数据采样界面

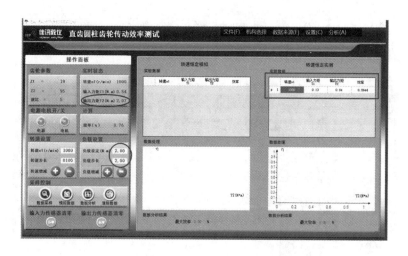

图 4.37　齿轮传动效率测试系统加载界面

（9）重复加载、采样的操作步骤，直到所有数据采集完成（负载达到 14 N·m），点击"负载设定"输入框，将数值调至零进行卸载，点击"电机"开关关闭电动机，点击"数据来源"→"采集新数据"，选择"载荷恒定"。

（10）点击"电机"开关启动电动机，将电动机的初始转速设定为 150 r/min，负载值设定为 6 N·m，等待实时数据稳定，点击"数据采样"记录数据。

（11）将转速步长设定为 150 r/min，调节电动机转速，重复调速、采样的操作步骤，直到所有数据采集完成（转速达到 1200 r/min），点击"负载设定"输入框，将数值调至零进行卸载，点击"电机"开关关闭电动机，待电动机转速降至零后，点击"电源"开关关闭电源。

（12）整理实验数据，分析实验结果并绘制相应的实验曲线。

（13）根据实验软件界面提供的齿轮减速器参数以及实验条件，进行齿轮传动效率的理论值计算，与实测值进行比较，并进行误差分析。

4.4.6　注意事项

（1）结束实验时，一定要先关闭电动机，待电动机转速降为零后，再关闭电源。

（2）加载操作过程中，一定注意不得超过电动机的额定电流、电压值。

4.4.7　思考题

（1）影响齿轮传动效率的因素有哪些？

（2）负载和转速分别对齿轮传动效率有何影响？分析造成这些现象的原因。

（3）如何减小实际测量值与理论值之间的误差？

4.4.8　实验报告及要求

实验报告要求使用专用的实验报告册，包括以下内容。

（1）实验目的。

（2）实验原理。

（3）实验数据记录和处理。

（4）实验结果分析：绘制效率曲线并分析实验结果。

4.5　流体动压滑动轴承性能测试实验

4.5.1　实验目的

（1）观察径向滑动轴承流体动压润滑油膜的形成过程和现象。

（2）观察载荷和转速改变时径向油膜压力的变化情况。

（3）观察径向滑动轴承油膜的轴向压力分布情况。

（4）测定和绘制径向滑动轴承径向油膜压力曲线，求轴承的承载能力。

（5）了解径向滑动轴承的摩擦系数 f 的测量方法和摩擦特性曲线的绘制方法。

4.5.2　实验设备

（1）流体动压滑动轴承试验台。

（2）调试工具。

4.5.3　实验设备基本参数与工作原理

1. 实验设备基本参数

（1）实验轴瓦内径 $d=60$ mm，长度 $B=125$ mm，表面粗糙度 $Ra=1.6$，材料 ZCuSn5Pb5Zn5。

（2）加载范围 0～1000 N（0～100 kgf）。

（3）负载传感器精度 1%，量程 0～10 mm。

（4）压力传感器精度 2.5%，量程 0～0.6 MPa。

（5）测力杆上测力点与轴承中心距离 $L=120$ mm。

（6）轴瓦自重 $P_0=40$ N。

（7）电动机功率 355 W；调速范围 3～500 r/min。

2. 实验设备工作原理

1）实验台结构

CQH-C 流体动压轴承实验台用于液体动压滑动轴承实验，实验台和实验台结构分别如图 4.38、图 4.39 所示，主要利用它来观察滑动轴承的结构及油膜形成的过程，测量其径向油膜压力分布，通过测定可以绘制出摩擦特性曲线、径向油膜压力分布曲线，并测定其承载量。该实验台主轴 8 由两个高精度的深沟球轴承支承。直流电动机 1 通过 V 带 2 驱动主轴 8，主轴顺时针旋转，主轴上装有精密加工制造的主轴瓦 7，由装在底座里的无级调速器实现主轴的无级变速，主轴的转速由装在面板上的左数码管直接读出。主轴瓦外圆处被加载装置压住，旋转螺旋加载器 4 即可对轴瓦加载，加载大小由负载传感器测出，由面板上右数码管显示。主轴瓦上装有测力杆，通过摩擦力传感器 5 可得出摩擦力值。主轴瓦前端装有 7 只（1～7 号）测径向压力传感器。在轴瓦全长的 1/4 处装有一个测轴向油压的压力传感器，传感器的进油口在轴瓦的 1/4 处。

图 4.38 滑动轴承实验台

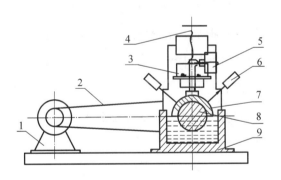

图 4.39 实验台结构示意图

1—直流电动机;2—V 带;3—负载传感器;4—螺旋加载器;5—摩擦力传感器;

6—压力传感器;7—主轴瓦;8—主轴;9—主轴箱

2) 实验台的传动装置

由直流电动机 1 通过 V 带 2 驱动主轴 8 顺时针(面对实验台面板)转动,由无级调速器实现无级调速。本实验台主轴的转速范围为 3~500 r/min,主轴的转速由数码管直接读出。

3）轴与轴瓦间的油膜压力测量装置

轴的材料为 45 钢，经表面淬火、磨光，由滚动轴承支承在箱体上，轴的下半部浸泡在润滑油中，本实验台采用的润滑油的牌号为 N68。主轴瓦 7 的材料为铸锡铅青铜，牌号为 ZCuSn5Pb5Zn5。在轴瓦的一个径向平面内沿圆周钻有 7 个小孔，每个孔沿圆周相隔 20°，每个小孔连接一个压力传感器 6，用来测量该径向平面内相应点的油膜压力，由此可绘制径向油膜压力分布曲线。沿轴瓦的一个轴向剖面装有两个压力传感器，用来观察有限长滑动轴承沿轴向的油膜压力情况。

4）加载装置

油膜的径向压力分布曲线是在一定的载荷和转速下绘制而成的。当载荷改变或者轴的转速改变时所测出的压力值不同，因而所绘出的压力分布曲线的形状也不同。转速的改变方法如前所述。本实验台采用螺旋加载，转动螺杆即可改变载荷的大小，所加载荷值通过传感器数字显示，可直接在实验台的操作面板上读出。

5）动压油膜形成过程

滑动轴承在静止时，轴颈与轴瓦互相接触，当轴颈开始启动时，速度较低，轴颈与轴瓦处于非液体摩擦状态，在微观粗糙度下有部分凸峰接触。当轴颈达到较高的工作转速时，便可能形成液体动压油膜，将轴颈与轴瓦完全隔开。

图 4.40 所示为摩擦状态指示电路，当轴不转动时，可看到指示灯发光；当轴在很低的转速下转动时，轴将润滑油带入轴和轴瓦之间收敛性间隙内，但由于此时的油膜很薄，轴与轴瓦之间部分微观不平度的凸峰处仍接触，故闪动发光；当轴的转速达到一定值时，轴与轴瓦之间形成的压力油膜厚度完全遮盖两表面之间微观不平度的凸峰，油膜完全将轴与轴瓦隔开，指示灯熄灭。

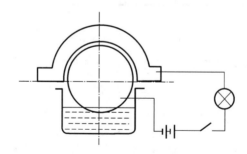

图 4.40　油膜显示装置电路图

6) 滑动轴承的 $f\text{-}\eta n/P_{\mathrm{m}}$ 摩擦特性曲线

滑动轴承摩擦状态的变化可用摩擦系数 f 与轴承特性数 $\eta n/P_{\mathrm{m}}$ 的关系曲线——摩擦特性曲线来表征,如图 4.41 所示,该曲线反映了随着 $\eta n/P_{\mathrm{m}}$ 值的增大,轴承的摩擦状态将由边界摩擦、混合摩擦(合称非液体摩擦)向液体摩擦过渡。临界过渡点的摩擦系数最小,0 点表示轴承处于静摩擦状态($n=0$),其摩擦系数最大。

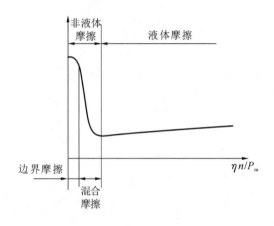

图 4.41　摩擦特性曲线

(1) 摩擦系数。

当轴颈沿顺时针回转时,轴瓦内表面受到摩擦力 F 的作用,摩擦力矩 $F\cdot\dfrac{d}{2}$ 将使轴瓦沿顺时针方向翻转。而连在轴瓦上的测力杆,其上端受到支承反力 Q 的作用,其反力矩 QL 将与摩擦力矩相平衡。即

$$F\cdot\frac{d}{2}=QL \tag{4.12}$$

则摩擦力为

$$F=\frac{2QL}{d} \tag{4.13}$$

摩擦系数为

$$f=\frac{F}{P}=\frac{2QL}{Pd} \tag{4.14}$$

轴瓦上的载荷

$$P=P_0+P_1 \tag{4.15}$$

式中:P 为作用在轴瓦上的载荷,N;P_0 为轴瓦自重,N;P_1 为外加载荷,N。

（2）计算轴承特性数。

η 为润滑油的动力黏度,应按油的实际工作温度查黏温曲线确定,或由式(4.16)至式(4.18)计算:

$$v = \exp\exp[9.766 - 3.8\lg(t+273)] - 0.7 \tag{4.16}$$

$$\rho = 899.467 - 0.593t \tag{4.17}$$

$$\eta = v \cdot \rho \tag{4.18}$$

式中:t 为实测温度,℃;$\exp(x)$ 代表 e^x;由式(4.16)求出的 v 的量纲为 mm^2/s,将 v 值代入式(4.18)时,需将量纲换为 m^2/s;ρ 的量纲为 kg/m^3;求出的 η 量纲为 $N \cdot s/m^2(Pa \cdot s)$;$n$ 为轴颈每秒转数,r/s。轴承的平均压强为 $P_m = P/Bd$。

7）轴承的压力分布、油膜的承载能力

（1）轴承的压力分布曲线。

油膜压力沿轴承半圆周理论上按雷诺方程分布,实际上可用周向均布的压力传感器来测各点压力,以一定比例尺在坐标纸上绘制压力分布曲线,如图 4.42 所示。

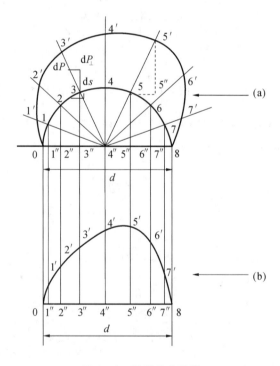

图 4.42　油压分布曲线

沿轴承宽度的压力分布理论上呈抛物线分布,实际上可用轴向均布的压力传感器来测量。轴向油压按抛物线分布时,抛物线下面积与其相应的矩形面积之比 $K =$ $2/3$,K 为油压轴向分布不均匀系数。

（2）油膜的承载能力。

可根据油压分布曲线用图解积分法求油膜的承载能力。如图 4.42(a)所示,在轴承上某点取微元弧 ds,则该点单位宽度上的微油膜力为 $dP = pds$,它在载荷方向的分力为 $dP_\perp = dpcosa = pdscosa$。令 $dscosa = dx$,则 dx 正是 ds 在直径坐标轴上的投影。于是 $dP_\perp = pdx$,则单位宽度上的油膜承载能力为

$$P_{Bd=1} = \int_d^{dP_\perp} = \int_d p \, dx \qquad (4.19)$$

由式(4.19)可知,若油压 p 分布曲线已知,则可用图解积分法求承载能力。

根据得到的各压力传感器的压力值,按比例系数 $\mu_A = 5\ \text{kPa/mm}$ 绘制出油压分布曲线。具体如下:沿着圆周表面从左到右画出角度分别为 $30°$、$50°$、$70°$、$90°$、$110°$、$130°$、$150°$的油孔点 1、2、3、4、5、6、7 的位置,通过这些点与圆心 O 的连线,在各连线的延长线上,依据压力传感器测出的压力值按照 5 kPa 对应 1 mm 的比例画出压力线 $1\text{-}1'$、$2\text{-}2'$、$3\text{-}3'$、$\cdots$、$7\text{-}7'$。将各点连成光滑曲线,此曲线就是所测轴承的一个径向截面的油膜径向压力分布曲线。

采用与图 4.42(a)相同的比例尺,画出图 4.42(b),使其直径线 d 及其上的分点 $1''$,$2''$,$\cdots$,$7''$与图 4.42(a)对应相同,过这些分点引垂直线段 $1'\text{-}1''$,$2'\text{-}2''$,$\cdots$,$7'\text{-}7''$分别等于图 4.42(a)中的法向压力分量 $1\text{-}1'$,$2\text{-}2'$,$\cdots$,$7\text{-}7'$。将图 4.42(a)的 $1'$,$2'$,$\cdots$,$7'$等点连成圆滑的压力分布曲线,则曲线下的面积 A 表示单位宽度油膜承载能力 $P_{dB=1} = A \cdot \mu_A$,其中 μ_A 为比例系数($\mu_A = 5\ \text{kPa/mm}$)。于是,轴承圈宽的油膜承载能力为

$$P' = KBA\mu_A = \frac{2}{3}BA\mu_A \qquad (4.20)$$

式(4.20)中的面积 A 可用曲线的坐标格数求得。

由螺旋加载系统加到轴承上的载荷 P 与测量的油膜承载能力 P',理论上应该相等,实际上不可能相等,测试总是会有误差的,其误差百分比为

$$\frac{\Delta P}{P} = \left| \frac{P - P'}{P} \right| \times 100\% \qquad (4.21)$$

4.5.4　实验内容

（1）完成径向油膜压力分布曲线与承载曲线的测试与绘制;

（2）完成轴承摩擦特性曲线的测试与绘制。

4.5.5　实验步骤

1.准备工作

（1）用汽油将油箱清理干净，加入 N68 机油至圆形油标中线。

（2）将面板上调速旋钮逆时针旋到底（转速最低），加载螺旋杆旋至与负载传感器脱离接触。

（3）在弹簧片的端部安装摩擦力传感器，使其触头具有一定的压力值。

（4）通电后，面板上两组数码管发光（左对应转速，右对应负载），调节调零旋钮使负载数码管清零。

（5）旋转调速旋钮，使电动机在 100～200 r/min 转速下运行，此时油膜指示灯应熄灭，稳定运行 3～4 min。

2.绘制径向油膜压力分布曲线与承载曲线

（1）启动电动机，将轴的转速逐渐调整到一定值（可取 300 r/min 左右），注意观察从轴开始运转至 300 r/min 时指示灯亮度的变化情况，待指示灯完全熄灭，此时处于完全液体润滑状态。

（2）旋动加载螺杆，逐渐加载至一定值（30～70 kgf）。

（3）打开滑动轴承测试软件，进入滑动轴承实验测试界面，单击"油膜压力分析"按钮，如图 4.43 所示，进行油膜压力分析。

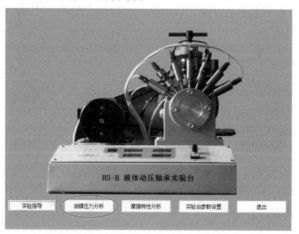

图 4.43　滑动轴承测试软件界面

（4）单击"稳定测试"按键，如图 4.44 所示，稳定采集滑动轴承 8 个压力传感器测试数据，测试完成后，将得到 8 个压力传感器位置点压力的实测值与仿真值。

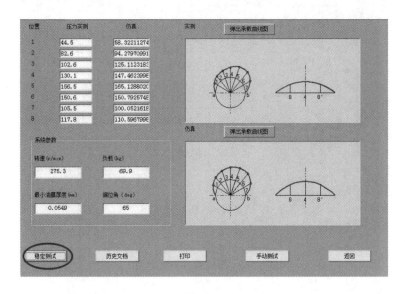

图 4.44　油膜压力分析测试界面

（5）卸载、减速后停机。

3. 测试摩擦系数 f 并绘制摩擦特性曲线

（1）启动电动机，将轴的转速逐渐调整到一定值（可取 300 r/min 左右），旋动加载螺杆，逐渐加载到一定值（30～70 kgf），打开滑动轴承测试软件，单击"摩擦特性分析"按键，进行摩擦特性分析。

（2）待转速稳定后，分级减速，依次记录转速 300～5 r/min（步长可设定为 40～10 r/min）时各点的摩擦力值，每改变一次转速，点击"稳定测试"记录一组数据，如图 4.45 所示。

（3）测试完成后，点击"结束"按键，即可绘制滑动轴承摩擦特性实测和仿真曲线图，打印结果。

（4）卸载、减速后停机，关闭测试软件，关闭计算机。

4.5.6　注意事项

（1）实验开始前一定要检查实验设备是否处于卸载状态。

（2）开始实验时确保先启动电动机，再加载。

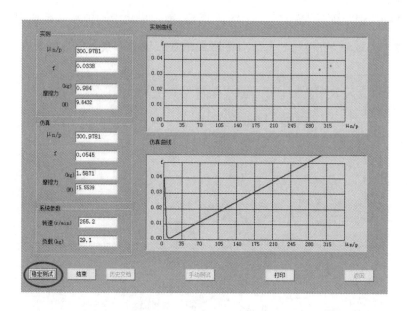

图 4.45　摩擦特性测试界面

（3）实验结束后，卸掉载荷，关闭计算机。

4.5.7　思考题

（1）分析载荷和转速的变化对油膜压力的影响。

（2）分析载荷对最小油膜厚度的影响。

（3）试分析摩擦特性曲线上拐点的意义及曲线走向变化的原因。

4.5.8　实验报告及要求

实验报告要求使用专用的实验报告册，包括以下内容。

（1）实验目的。

（2）实验原理。

（3）滑动轴承摩擦特性曲线测试数据记录及曲线绘制。

（4）绘制油膜压力分布曲线。

（5）绘制承载能力曲线，计算油膜承载能力，分析实验结果。

4.6　机械传动性能综合测试实验

4.6.1　实验目的

（1）通过测试常见机械传动装置（如带传动、链传动、齿轮传动、蜗杆传动等）在传递运动与动力过程中的参数（速度、转矩、传动比、功率、传动效率等）及其变化规律，加深对常见机械传动性能的认识和理解。

（2）通过测试由常见机械传动组成的不同传动系统的参数曲线，掌握机械传动合理布置的基本要求。

（3）通过实验认识智能化机械传动性能综合测试实验台的工作原理，掌握实验测试方法，培养学生针对设计性实验与创新性实验的动手操作能力。

4.6.2　实验设备

（1）机械传动性能实验台。

（2）计算机及专用测试软件。

4.6.3　实验设备基本参数与工作原理

1. 实验设备基本参数

机械传动性能实验台基本参数如表 4.1 所示。

2. 实验设备工作原理

机械传动性能综合测试实验台硬件组成布局如图 4.46 所示。

为了提高实验设备的精度，实验台采用两个转矩测量卡进行采样，测量精度达到满量程的 $\pm 0.2\%$（$\pm 0.2\%$ FS），能满足教学实验与科研生产试验的实际需要。

机械传动性能综合测试实验台采用自动控制测试技术设计，所有电动机程控启停，转速程控调节，负载程控调节，用转矩测量卡替代转矩测量仪，整台设备能够自动进行数据采集处理，自动输出实验结果，是高度智能化的产品。机械传动性能综合测试实验台的工作原理如图 4.47 所示。

表 4.1　机械传动性能实验台基本参数

序号	组成部件	技术参数	备 注
1	变频调速电动机	功率 750 W;范围 5～100 Hz;同步转速 1480 r/min;输入电压 380 V	
2	转矩转速传感器	测量范围 20 N·m、100 N·m;信号输出 5～15 kHz,0～5 V,4～20 mA;绝缘阻抗＞500 MΩ;静态超载 150%;使用温度－10～50 ℃;储存温度－20～70 ℃;电源电压±15 V ±5%;负载电流＜10 mA。信号:扭矩信号、转速信号。相对湿度≤95% RH	
3	机械传动装置(试件)	直齿圆柱齿轮减速器;蜗杆减速器;V 带传动;齿形带传动:$P_b=9.525$,$z_b=80$;套筒滚子链传动:$z_1=17$,$z_2=25$	1台 WPA50-1/10 Z 形带 3 根 齿形带 1 根 08A 型 3 根
4	磁粉制动器	额定转矩 50 N·m;激磁电流 2 A;允许滑差功率1.1 kW	

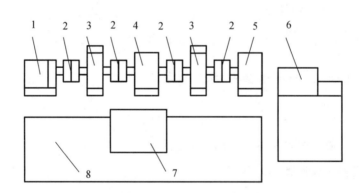

图 4.46　实验台的结构布局

1—变频调速电动机;2—联轴器;3—转矩转速传感器;4—传动装置;

5—加载与制动装置;6—工控机;7—电器控制柜;8—台座

　　运用机械传动性能综合测试实验台能完成多类实验项目,学生可以自主选择被测试传动装置进行实验。可通过对某种机械传动装置或传动方案性能参数曲线的测试,来分析机械传动的性能特点。

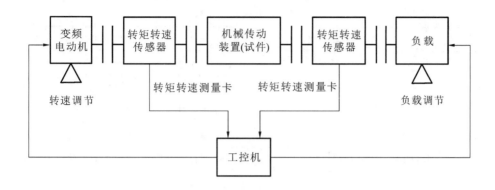

图 4.47　实验台工作原理框图

实验中利用实验台的自动控制测试技术能自动测试出机械传动的性能参数,如各轴的转速 $n(\mathrm{r/min})$、转矩 $T(\mathrm{N \cdot m})$、功率 $P(\mathrm{kW})$,并按照以下关系自动绘制参数曲线。

传动比

$$i = \frac{n_1}{n_2} \tag{4.22}$$

转矩

$$T = 9550 \frac{P}{n} \tag{4.23}$$

传动效率

$$\eta = \frac{P_2}{P_1} = \frac{T_2 n_2}{T_1 n_1} \times 100\% \tag{4.24}$$

4.6.4　实验内容

(1) 设计并搭建 3 种及以上不同组合的机械传动方案。

(2) 对搭建的机械传动方案进行测试。

(3) 绘制机械传动方案布置简图。

4.6.5　实验步骤

1. 准备工作

(1) 确定实验类型与实验内容,确定选用的典型机械传动装置及其组合布置方案,并进行方案比较,可参考表 4.2。

表4.2 组合传动系统布置

编号	组合布置方案 I	组合布置方案 II
B1	带传动-齿轮减速器	齿轮减速器-带传动
B2	齿形同步带传动-齿轮减速器	齿轮减速器-齿形同步带传动
B3	链传动-齿轮减速器	齿轮减速器-链传动
B4	摆线传动-蜗杆减速器	蜗杆减速器-摆线传动
B5	齿形同步带传动-蜗杆减速器	蜗杆减速器-齿形同步带传动
B6	带传动-摆线传动	摆线传动-带传动
C1	齿轮传动-带传动-链传动	带传动-齿轮传动-链传动
C2	齿轮传动-齿形同步带传动-摆线传动	齿形同步带传动-齿轮传动-摆线传动

（2）布置、安装被测机械传动装置（系统）。注意选用合适的调整垫块，确保传动轴之间的同轴线要求。

（3）对测试设备进行调零，以保证测量精度。

2. 操作方法

（1）打开实验台电源总开关和实验测试软件，输入"学号""姓名""班级"和"小组编号"信息，如图4.48所示。

图4.48 机械传动性能测试软件信息输入界面

（2）根据所搭建的实验平台，选择实验类型与实验布置方案，如图4.49所示。

（3）进入实验测试软件的主界面，如图4.50所示，设置实验初始转速、负载步长。

（4）依次打开"电源开关"和"电机开关"，启动电动机，等待系统数据稳定，点击

图 4.49　机械传动性能测试软件实验类型选择界面

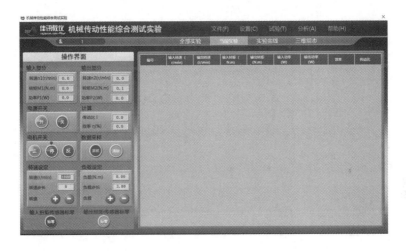

图 4.50　机械传动性能测试软件主界面

"采样"按键,将实验数据记录在右侧表格内,如图 4.51 所示。

（5）点击负载设定区域内的"＋"按键,改变系统的负载值,当实时参数中的输出转矩值接近当前所设定的负载值时,如图 4.52 所示,点击"采样"按键记录数据。

（6）再次对系统进行加载,重复上一步操作过程,采集 10 组左右数据即可。

（7）从"实验曲线"中查看参数曲线,如图 4.53 所示,确认实验结果。

（8）结束测试,逐步对系统进行卸载,先关闭电动机开关,待电动机转速降为零后,再关闭电源开关。

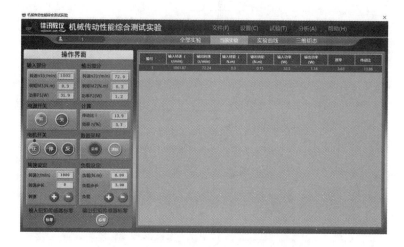

图 4.51　机械传动性能测试软件采样界面

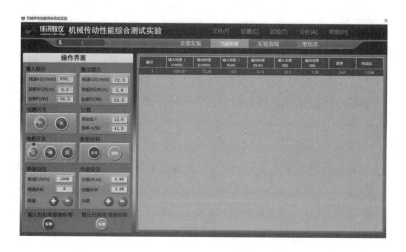

图 4.52　机械传动性能测试软件加载界面

4.6.6　注意事项

（1）结束实验时，一定要先关闭电动机，待电动机转速降为零后，再关闭电源。

（2）加载操作过程中，一定注意不得超过电动机的额定电流、电压值。

（3）加载过程中，载荷不能过大，以免磁粉制动器将传动轴抱死。

4.6.7　思考题

（1）除所做实验的传动形式以外，还有哪些组合传动布置形式可以利用该实验台

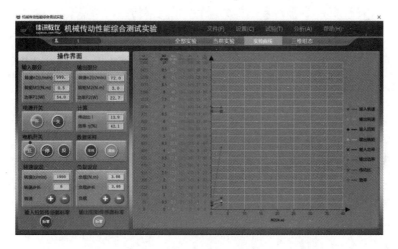

图 4.53　机械传动性能测试软件实验曲线界面

进行实验？

（2）实验中使用了哪些传感器？

（3）传动系统的效率与负载有何种关系以及造成这种关系的原因是什么？

4.6.8　实验报告及要求

实验报告要求使用专用的实验报告册，包括以下内容。

（1）实验目的。

（2）实验原理。

（3）传动方案的布置简图。

（4）被测传动系统的效率曲线。

（5）实验结果分析，重点分析机械传动装置传递运动的平稳性和传递动力的效率与负载之间的关系及原因。

4.7　机械系统传动方案创新组合设计分析实验

4.7.1　实验目的

（1）加深对各种类型机械传动方案的感性认识和理性认识。

（2）拼装各种组合传动方案，对比分析不同方案的传动特点。

4.7.2　实验设备

（1）机械系统传动方案创新组合设计分析实验箱（便携式）。

（2）装拆工具1套。

4.7.3　实验设备基本参数与工作原理

1. 实验设备基本参数

（1）本实验箱备有80种150余个自制零部件、18种标准件及拼装工具。

（2）实验箱外形尺寸为690 mm×510 mm×160 mm；实验箱总质量为20 kg。

2. 实验设备工作原理

该实验箱是以培养学生综合设计能力、创新能力和工程实践能力为目标的新型现代实验设备，如图4.54所示。该实验箱运用全新的创新设计理念，将机械传动装置分成若干模块，根据实验教学要求，进行多样化选择、拼装和测试，是智能化的综合性实验设备。

图 4.54　机械系统传动方案创新组合设计分析实验箱

1）机械系统传动方案设计

机械系统传动方案设计包括：

（1）传动类型的选择；

（2）传动顺序的安排；

（3）传动比的分配；

（4）特性参数的计算。

2）机械系统的拼装

（1）典型单级机械传动方案拼装实验：V 带传动、滚子链传动、圆柱齿轮传动、圆锥齿轮传动、蜗杆蜗轮（上置式）传动、蜗杆蜗轮（下置式）传动、槽轮机构传动、单十字万向联轴器传动。

（2）典型多级机械传动方案拼装实验：变速器传动。

（3）典型多级机械传动方案组合及创新实验：锥齿轮-变速器-链-槽轮组合传动、变速器-带组合传动、链-槽轮组合传动、带-链-槽轮组合传动、锥齿轮-槽轮-带组合传动、锥齿轮-槽轮-链组合传动、带-槽轮组合传动、链-槽轮组合传动等。

3）机械系统运动分析

机械系统运动分析包括机械传动原理与特点分析、机械系统稳定运行条件分析。

4）机械系统创新组合分析

对比分析不同组合传动方案的特点，传动方案如图 4.55 至图 4.65 所示。

（1）手轮-锥齿轮-九速变速箱-柱销联轴器-链-槽轮机构组合传动如图 4.55 所示。

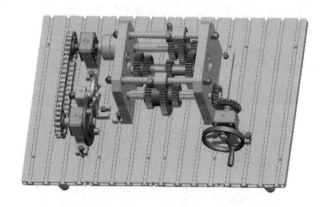

图 4.55　传动方案一

（2）手轮-变速器（中介轮）-离合器-V 带组合传动如图 4.56 所示。

（3）手轮-柱销联轴器-链-槽轮机构组合传动如图 4.57 所示。

（4）手轮-V 带-离合器-链-槽轮机构组合传动如图 4.58 所示。

（5）手轮-十字万向节如图 4.59 所示。

（6）手轮-蜗杆蜗轮（下置式）如图 4.60 所示。

（7）手轮-蜗杆蜗轮（上置式）如图 4.61 所示。

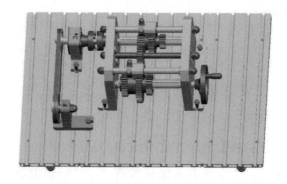

图 4.56　传动方案二

图 4.57　传动方案三

图 4.58　传动方案四

（8）手轮-锥齿轮-槽轮机构-V 带组合传动如图 4.62 所示。

（9）手轮-锥齿轮-槽轮机构-链组合传动如图 4.63 所示。

图 4.59　传动方案五

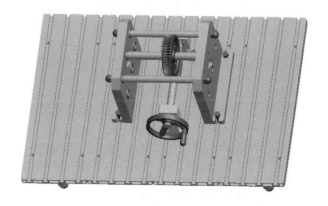

图 4.60　传动方案六

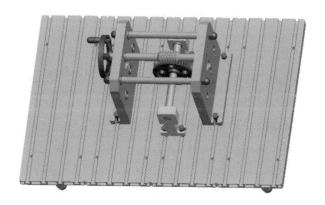

图 4.61　传动方案七

（10）手轮-V 带-槽轮机构组合传动如图 4.64 所示。

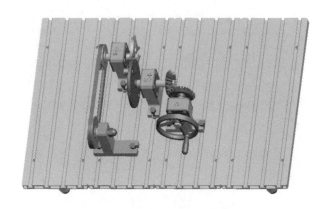

图 4.62　传动方案八

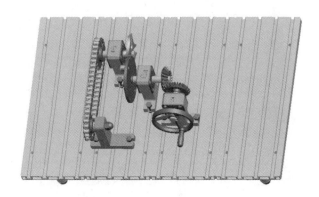

图 4.63　传动方案九

图 4.64　传动方案十

(11) 手轮-链-槽轮机构组合传动如图 4.65 所示。

图 4.65　传动方案十一

5）数字化虚拟仿真教学平台

（1）数字化虚拟仿真教学平台软件采用先进的三维引擎 unity3D 软件开发平台，由零部件库、传动组合两大内容体系组成，如图 4.66 所示。

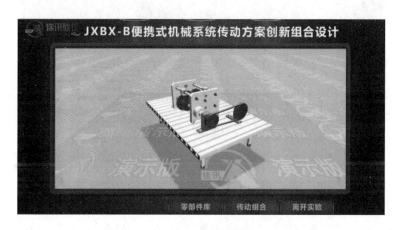

图 4.66　数字化虚拟仿真教学平台主界面

（2）数字化虚拟仿真教学平台机构选择界面涵盖带、链槽轮机构、十字万向节、蜗轮蜗杆、离合器、变速箱、联轴器等 18 种组合机构，如图 4.67 所示。

（3）实验场景具备交互功能，操作者可以实时地对实验场景进行缩放、平移、360°旋转等交互操作，多方位、多角度对知识进行学习，如图 4.68 所示。

实验设置：可在实验设置区进行实验的配置设置，选择实验项目。

实验功能区：实验功能区包括实验目的、实验要求、实验原理、实验流程介绍与演示等模块。

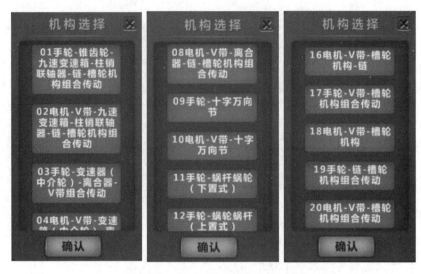

图 4.67　数字化虚拟仿真教学平台机构选择界面

图 4.68　数字化虚拟仿真教学平台人机交互界面

实验场景区：实验场景区是实验的主体部分，可以在实验场景区模拟实验台的操作，观看实验现象。

软件具有零件库，且具有自动搭接和手动搭接两种功能，有搭接错误提示。

4.7.4　实验内容

实验内容包含：

（1）机械系统传动方案设计；

（2）机械系统拼装实训；

（3）机械系统运动分析；

（4）机械系统创新组合分析。

4.7.5　实验步骤

（1）打开实验箱,清点实验箱内零部件。

（2）自行设计多级组合传动装置并绘制机构运动示意图。

（3）将工作台面板及立柱组件等组装好,安放在工作台上。

（4）按照步骤(2)中设计的多级组合传动装置机构运动示意图组装传动机构。

（5）转动手轮,移动滑动套,观察传动机构的运动情况,测出传动比,验证传动比计算值,分析其传动特点。

（6）拆卸零部件,清洁后装入实验箱,完成实验报告。

4.7.6　注意事项

（1）实验结束后应将全部零部件清洁后再装箱。

（2）组装过程中,应防止轴等零件滚下工作台,以免砸伤脚部。

（3）机构运动示意图可不严格按比例尺画。

4.7.7　思考题

（1）比较圆柱齿轮传动与圆锥齿轮传动的特点。

（2）上置式与下置式蜗杆蜗轮传动在使用上有何不同?

（3）带传动与链传动的传动特点如何? 哪个应放在高速级? 哪个应放在低速级? 为什么?

（4）联轴器与离合器在使用上有何不同?

4.7.8　实验报告及要求

实验报告要求使用专用的实验报告册,包括以下内容。

（1）实验目的。

（2）实验原理。

（3）传动方案运动简图。

（4）传动特点分析。

第 5 章　科技创新实验

　　科技创新实验是结合实验条件及工程应用,开展创新研究的内容。科技创新实验项目采用的管理方法为:①面向正在学习机械原理和机械设计的机械类专业三、四年级学生;②学生本人提出书面申请,申请内容包括拟进行的实践项目、研究内容及应用场合等,科技实践领导小组讨论后确定项目,并配备指导教师;③学生在实验室工作期间必须遵守学校实验室的管理规定,服从管理人员的安排;④符合毕业设计要求的研究项目经审查后可以作为毕业设计题目;⑤学生在实验室完成的项目及其成果归学校所有;⑥机械基础教学与研究中心负责组织项目的验收。

5.1　运动黏度测定实验

5.1.1　实验目的

　　(1) 测定润滑油的运动黏度(GB/T 265—1988)并分析温度对润滑油运动黏度的影响;

　　(2)掌握润滑油运动黏度的测定方法;

　　(3) 通过实验加深对流体黏度物理意义的理解。

5.1.2　实验设备

BF-03A 运动黏度测定器。

5.1.3　实验设备基本参数与工作原理

1. BF-03A 运动黏度测定器主要特点

BF-03A 运动黏度测定器适合按照 GB/T 265—1988 测定液体润滑油产品的运动黏度,其主要特点为:①恒温浴为圆形玻璃缸,外层为有机玻璃保温罩,温度分布均匀,控制效果好;②采用精密数字温控仪控制温度,采用固态继电器作为执行元件,具有无触点、无噪声、无火花、寿命长等特点;③辅助加热可自动开关,使用方便、可靠;④毛细管黏度计采用三点垂直式,操作灵活方便;⑤照明系统采用 H 型日光灯,透视性好,使用时无闪动、无噪声、寿命长;⑥仪器具有两组数字秒表,计时准确、操作方便。

2. 主要技术参数

(1) 控温点设置:0～100 ℃连续设定。

(2) 一次可装夹毛细管数量:4 支。

(3) 恒温精度:±0.1 ℃。

(4) 加热器功率:辅助加热 1 kW,主加热 0.8 kW。

(5) 搅拌调速:0～4000 r/min,10 级可调。

(6) 辅助加热自动关断点:约为设定点−1 ℃。

(7) 秒表计时范围:0～999.9 s。

(8) 工作电源:220 V±10%,50 Hz。

(9) 毛细管黏度计:内径为 0.8 mm、1.0 mm、1.2 mm、1.5 mm、2.0 mm、2.5 mm。

(10) 温度计:配有 5 只温度计,测温范围为 18～22 ℃、38～42 ℃、48～52 ℃、78～92 ℃、98～102 ℃。

3. 结构及工作原理

BF-03A 运动黏度测定器主要由电器控制箱、恒温浴缸(双层)、电动搅拌器、电加热器、导流管、品氏毛细管黏度计及温度计等组成,如图 5.1 所示,控制电路采用精密数字温度控制仪,控制精度高,显示准确。

数控表的使用:仪器接通电源后,接好传感器插头,仪表 PV 显示窗口有数据显示,当设定开关拨在"设定"位置时,PV 窗口显示预期控温点的温度;当设定开关拨在"测量"位置时,PV 窗口显示当前温度传感器所在的恒温浴的温度。实测温度低于设

图 5.1　BF-03A 运动黏度测定器

定温度时,仪表绿指示灯亮,加热器开始加热;实测温度接近设定温度时,红绿灯开始交替闪亮,使控温浴槽内的实际温度逐渐接近设定温度;实际温度超过设定温度时,绿灯灭,红灯亮,加热器停止加热,浴槽温度开始下降。经过几个周期后,恒温浴的温度就可达到实验标准要求。

4. 使用方法

（1）实验前检查设备,保证恒温浴缸上盖呈水平状态,根据测试需要将相应介质加入浴缸内（见表 5.1）,并保持液面距缸沿 20 mm。

表 5.1　不同温度使用的恒温浴液体

测定温度/℃	恒 温 浴 液 体
50～100	透明矿物油、丙三醇（甘油）或 25% 硝酸铵水溶液
20～50	水
0～20	水与冰的混合物,或乙醇与干冰（固体二氧化碳）的混合物
−50～0	乙醇与干冰混合物,在无乙醇的情况下,可用无铅汽油代替

（2）开启电源开关,电源指示及日光灯亮。

（3）按下设定按钮,调节设定电位器,将设定温度调至预期恒温点上,松开设定按钮,温控仪显示恒温浴实际温度,控制加热系统自动进入工作状态。

（4）调整调速旋钮,根据浴缸中介质,拨至 3～6 挡,控制合理的转速。

（5）升温时,主加热和辅助加热同时工作,浴温升至距设定温度约 1 ℃时,辅助加热器断开,主加热器继续工作,当达到设定温度时,自动进入恒温状态,红灯与绿灯交替闪烁。

(6)测试油样施装。如图 5.2 所示,将橡皮管套在支管 7 上,并用手指堵住管身 6 管口,倒置黏度计,然后将管身 1 插入装着试样的容器中,利用橡皮球、水流泵或其他真空泵将液体吸到标线 b,同时注意不要使管身 1、扩张部分 2 和 3 中的液体产生气泡或裂隙。当液面达到标线 b 时,从容器里提起黏度计,并迅速恢复其正常状态,擦去管身外壁黏着的多余试样,并从支管 7 取下橡皮管套在管身 1 上。

(7)将黏度计调整成垂直状态,利用竖直线从两个互相垂直的方向去检查毛细管的垂直情况。将装好试样的黏度计浸在恒温浴缸中并固定于支架上,必须保证毛细管黏度计的扩张部分 2 浸入一半。固定好温度计,使水银球位置接近毛细管中央点的水平面,使温度计上要测温的刻度位于恒温浴的液面上 10 mm 处,经恒温规定的时间(见表 5.2)。

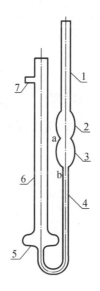

图 5.2　毛细管黏度计

1,6—管身;2,3,5—扩张部分;4—毛细管;7—支管;a,b—标线

表 5.2　黏度计在恒温浴中的恒温时间

实验温度/℃	恒温时间/min	实验温度/℃	恒温时间/min
80,100	20	20	10
40,50	15	−50～0	15

（8）利用毛细管黏度计管身 1 上套着的橡皮管将试样吸入扩张部分 3,使试样液面稍高于标线 a,要保证毛细管和扩张部分 3 的液体不能产生气泡或裂隙。

（9）观察试样在管身中的流动情况,液面正好达到标线 a 时,启动秒表,液面正好达到标线 b 时,关停秒表。试样液面在扩张部分 3 中流动时,注意恒温浴中正在搅拌的液体要保持恒温,而且扩张部分不应出现气泡。

（10）用秒表记录流动时间,重复测定 4～6 次,且各次流动时间与其算术平均值的差值应符合要求,具体为在 −15～100 ℃测定黏度时,差值不能超过算术平均值的 ±0.5%;在 −30～−15 ℃测定黏度时,差值不能超过算术平均值的 ±1.5%;在低于 −30 ℃测定黏度时,差值不能超过算术平均值的 ±2.5%。

（11）取不少于 3 次的流动时间所得的算术平均值,作为试样的平均流动时间。在温度 t 时,试样的运动黏度计算式为

$$\nu_t = c \cdot \tau_t \tag{5.1}$$

式中:ν_t 为运动黏度,mm^2/s;c 为黏度计常数,mm^2/s^2;τ_t 为试样的平均流动时间,s。

5.1.4　思考题

（1）简述润滑剂的动力黏度、运动黏度的物理意义。
（2）润滑剂运动黏度对流体动压油膜的形成有何影响?

5.2　四球摩擦实验

5.2.1　实验目的

（1）了解润滑剂极压承载能力的测定方法;
（2）通过实验了解润滑剂抗磨损性能的评定方法;
（3）了解典型材料摩擦副的磨损机理及分析方法。

5.2.2　实验设备

MS-800A 四球摩擦试验机。

5.2.3 实验设备基本参数与工作原理

1.试验机主要用途

本试验机适用于润滑剂的极压承载能力的测定,也可用于润滑剂抗磨损性能的评定。试验采用四个等径钢球作试验件,使用方法为:试验机主轴端固定着一个钢球,对着浸没在试样(润滑剂)中并紧固在油盒内的三个静止的钢球,在规定的负荷下,钢球以选定的转速旋转滑磨,控制试样的温度和运行的时间(或转数),进行一系列试验。然后测量油盒内钢球的磨痕直径等,并据此对试样的极压性能或抗磨损性能等做出评价。试验方法标准有:①GB/T 12583 润滑剂极压性能测定法(四球法);②GB/T 3142 润滑剂承载能力的测定 四球法;③NB/SH/T 0189 润滑油抗磨损性能的测定 四球法。

2.试验机的主要技术规格

(1) 轴向加载负荷范围为 0.078~8 kN。

(2) 主轴转速为 600~3000 r/min。

(3) 主轴启动和停止的控制方式:手控、时控(0~100 h)、计转数控制(0~999999 r)和限摩擦力矩控制(0~20 N·m)。

(4) 油杯加热范围为室温至 250 ℃。

(5) 摩擦力矩测定范围:配用 20 N 传感器时,范围为 0.15~1.5 N·m;配用 300 N 传感器时,范围为 1.5~20 N·m。

(6) 计算机系统模数转换分辨度为 10 位。

(7) 主轴锥孔锥度为 1:8。

(8) 标准试验钢球为 ϕ12.7 的专用钢球。

(9) 杠杆加载力增大倍数为 10 倍、20 倍。

(10) 专用测量显微镜放大倍数为 20 倍。

3.试验机主要结构

试验机由主机和机座组成,主机包括主轴驱动系统、油杯和测力系统,以及杠杆加载系统,机座为主机的支架主体,如图 5.3 所示。

1) 主轴驱动系统

主轴由功率为 1.1 kW 的电动机直接驱动,由 5.5 kW 变频器供电并实现 0~

图 5.3　四球摩擦试验机

3000 r/min变频调速。在主轴上端圆螺母上连接一个 60 齿的孔盘,配合 GK102 光断续器将主轴转速信号送至计算机系统进行测速和显示。主轴下端锥孔锥度为 1∶8,与钢球夹头配合可将试验钢球夹紧。

2) 油杯和测力系统

油杯组件由油杯、球垫、压紧环、带有左旋螺纹的油杯螺母及测力臂等组成。旋紧油杯螺母可将三个试验钢球水平紧固在球垫和压紧环中,油杯可容纳 10 mL 左右的试样(油样),外部套有环状加热器,并通过装在油杯中的镍铬镍铝热电偶,将测温信号传送至温度显示控制仪实现加热闭环控制。油杯下方配有带隔热垫片的托块,托块是为了方便在机上装取油杯而设置的,同时托块由推力轴承与下部加载系统分开,使油杯组件既能承受轴向试验加载条件又能在负荷状态下灵活地跟着主轴旋转。

摩擦力矩测量装置由测力杠杆、荷重传感器和底板等组成,安装在主机右侧与油杯测力臂等高的位置上。试验时,将装好接头的钢带套入测力臂的沟槽上,试验过程中产生的摩擦力矩通过钢带拉动测力杠杆(杠杆比 1∶2)使荷重传感器受力产生相应的电压信号,电压信号被送至计算机系统,由数据显示器进行显示,试验结束后绘图仪将有关参数和摩擦系数记录曲线一起打印出来。

3)杠杆加载系统

本机采用杠杆-砝码加载方式。加力杠杆由双刀刃支撑在支承上,在杠杆右端(10或 20 倍处)挂上砝码盘组件及砝码,此时试验负荷(即所加砝码和砝码盘总重力与杠杆比的乘积)由刀刃传递给顶部有推力轴承的导向柱实现向试件加载。导向柱与导向套间装有滚动轴承套,保证导向柱滑动轻快自如。加力杠杆左端装有配重装置以保证杠杆在不加载时能保持平衡状态,主机体左侧设有支架和顶杆,顶杆不工作时处于自然水平位置。在取油杯或不加载时,须将加力杠杆右端抬起,转动顶杆至竖直方向,顶住加力杠杆,使之保持上抬状态。

4)机座

机座是全机支架主体,主机安装在台面右边,控制柜安装在台面左后方,油杯钢球装卸支座装在主机前方台面上,装卸钢球时,将油杯底部沟槽对准支座中两 $\phi 8$ 销柱,卡住后用扳手放松油杯即可更换钢球,测力架标定座装在主机前方台面上。

4. 试验机测控系统的工作原理

试验机的电测电控系统安装在控制柜内,主要由 8098 单片微型计算机及其外围电路组成。主电动机的运行由计算机控制变频器的通断来实现,而测量主机转速、摩擦力矩时,分别由传感器和荷重传感器把转速信号和摩擦力矩信号送入运算放大板隔离放大后送入计算机,由面板显示器将数值显示出来。温控系统采用自整定智能 PID 温度显示控制仪和热电偶实现温度闭环控制。

5. 试验机操作系统

1)控制柜面板介绍

(1)面板右上方为两组数字显示器,最上一组为试验数据显示器,由四位数码管和三个指示灯组成,第二组为设定值显示器,由六位数码管和五个指示灯组成。面板右下方由 5×4 个按键组成操作键盘,从右至左第一竖行四个键均为主轴运转控制键,由上而下分别为:

"启动"——启动主轴电动机。

"定时"——控制主轴按所设定的时间进行试验。

"定数"——控制主轴按所设定的圈数进行试验。

"停止"——停止主轴电动机。

第二竖行为四个功能键,由上而下分别为:

"显示"——以指示灯指示,每按一下,状态改变一次,数据显示器分别显示三种测试数据的数值,分别为主轴转速、摩擦系数、传感力值。

"设定"——以指示灯指示,设定值显示器分别显示五种参数的数值,分别为日期、转数、时间、编号、传感器。

"AD"——数据显示器显示此时 AD 口的数值,该数值在调整零点时作为校正数值,现规定以调定 0.020 为测量零点。

"打印"——每次试验后,若需要重新打印,则可直接按下打印键进行重新打印。若在试验后才发现输入的负荷值有误,则可输入正确的数值,然后按下打印键进行打印,这样即可恢复试验数据。当然,若试验时输入的负荷值偏小导致计算机自动判断为烧结负载 P_D 而终止试验,则该次试验数据无法恢复。

第三竖行最下一键是"复位"键,可用于初始化计算机系统,复位后显示器显示"800A"和"HELLO",且所有指示灯熄灭。

第四竖行最下一键为"清零"键,该键将设定值显示器数据清零,在进行试验参数设定或输入负荷、温度时才生效。其余键为 0~9 十个数字键。

(2) 面板左上方为温度显示控制仪,下方为仪表电源开关、变频调速旋钮、传感器转换按钮,以及测力放大倍数微调孔和零点微调孔。变频调速旋钮的调速范围 0~3000 r/min;对于传感器转换按钮,低位时选配 20 N 传感器,高位时选配 300 N 传感器;对于测力放大倍数微调孔,从左至右分别为:Ⅰ 20 N 传感器通道放大倍数微调孔,Ⅱ 300 N 传感器通道放大倍数微调孔。另一个为运放零点微调孔。

(3) 控制柜右侧下方设有:加热电源开关,用来开启温控仪和加热器电源;加热器电源插座孔;热电偶插座孔。

2) 操作程序

(1) 系统的预热与复位。

先装好记录纸,并拉出一段。开启仪表电源开关,使控制系统通电预热,按下面板上的复位键,并延长一定时间后松开,正常情况下数码管应显示"800A""HELLO",且所有指示灯均熄灭。

（2）传感器力值的标定。

预热：开启仪表电源开关，使控制系统通电预热 0.5 h。

调零：将装好荷重传感器的测力架卸下，水平固定在台面的标定座上，再将测力杠杆抬起，使传感器处于不受力状态，按下"AD"键，使数据显示器显示 AD 值，在面板的调零孔中用小螺丝刀旋动微调，使之稳定显示"0.020"，此时按下显示键，显示传感力值为 0。

标定：以 300N 传感器为例，轻轻放下测力杠杆，显示传感力值，将质量为 1 kg 的砝码盘挂上，并每次增加 1 kg 的砝码（至 14 kg 为止），数据器应当显示相应的传感力值，如不符合，在面板上的 300N 微调孔中用小螺丝刀旋动微调，使之显示相应的传感力值。采用 20N 的传感器时，逐次增加的砝码为 100 g，最大至 900 g 为止。

将标定好的测力架安装在主机上，由于传感器状态改变，因而需要再一次调零校验，仍然使之稳定显示 0.020。

（3）电动机转速的调整。

在试验前，需改变先前调定的电动机转速，操作如下：按"显示"键，使转速指示灯亮，此时，数据显示器进入显示转速状态；移开油杯，按下"启动"键，让电动机空转，调整面板上的"转速旋钮"，数据显示器所示数值即为当前转速，调整至所需转速并待稳定后，按"停止"键，让电动机停转。

（4）试验参数的设定。

在每次试验前，首先应对试验参数进行设定，具体操作为：按下"设定"键，依照各指示灯指示，进入各设定状态，依次为日期、定数、定时、编号、传感器，然后自动转入负荷输入状态。

日期：设定值显示器分别代表年、月、日，复位后不消失。

定数：该值为定圈数运行时由操作者设定的电动机运转圈数。缺省设定为 250，必须注意的是定圈数运行的时间不得少于 5 s。

定时：该值为定时运行的时间，设定值显示器分别代表小时、分钟、秒，如输入 102530 即代表 10 小时 25 分钟 30 秒，余者类推。缺省设定为 10 s。

编号：编号位数为六，由试验者分类，以表示试验分组或油样区别。编号与日期、转速、试验方式（定时、定数）将作为题头并由打印机打印出来，一旦状态改变，计算机将自动打印出题头,复位后不消失。

传感器:设定值显示器仅显示一位,分别为"0""1"。"0"代表 20 N 传感器,"1"代表 300 N 传感器,操作者可按"0"或"1"键对其进行修改,选择"0"时传感器指示灯发光。缺省设置为 1,即 300 N 传感器,复位后为 1。

温度:温度的输入状态与其他设定状态不同,设定值显示器第四位为空,第五位与第六位显示"℃"字样,从第一位到第三位为温度输入值,极易识别。数值范围 0～250,缺省值设置为 20。

负荷:负荷的输入状态与其他设定状态不同,设定值显示器第一位显示"P"字样,第二位空,从第三位到第六位才为负荷输入值,该值为实际试验负荷,即所加砝码和砝码盘总重力与杠杆比的乘积,单位为 N,数值范围为 0～8000。每次试验前均需输入相应的负荷值,才能启动电动机进行试验。

(5)油杯加热。

当进行对油温有要求的试验时,油杯必须加热至一定温度后方可进行试验,具体操作为:接好油杯插头线,将插头插入控制箱右下侧的专用插座,将与电热偶连接的插头与插头座连接好,打开加热电源开关,并按所要求的温度对温控显示仪进行设置,将油杯置于试验位置上,待油温进入控制状态即可进行试验。

(6)试验过程。

按要求安装好钢球,确认无误后即可进行试验。试验方式有两种(定时/定数),选择其中一种进行试验,在键入本次试验负荷后只需按下"定时"键或"定数"键便可进行试验,由计算机自动启动电动机和自动停止电动机。在试验过程中,数据显示器自动显示摩擦系数,此时也可由操作者按"显示"键,选择观察转速或传感力值;按"AD"键显示"AD"值;设定值显示器采取倒计时(定时试验)或倒计数(定数试验)的方式显示。试验结束后,计算机自动绘出本次试验摩擦系数变化曲线并进行数据处理,曲线上方打印出此次试验所加负荷 P、平均传感力值 F_{cp}、最大传感力值 F_{max}、平均摩擦系数 μ_{cp} 和最大摩擦系数 μ_{max}。若操作者选择的运行方式是定数,则将增加一项打印内容——电动机由启动到完全停止实际所转圈数。打印机处于工作状态时,显示器应显示"CPU""8098"及"CALL"等字样,并在描绘曲线时滚动显示一串号码,打印结束后,显示器应显示"800A""P0000"。

计算机在打印结束后自动转到"负荷"输入方式,此时负荷值自动清零。若试验条件没有变化,则操作者只需键入本次试验负荷数值(N),待油杯装好后再按"定时"键或"定数"键即可进行试验。若其他试验条件改变,则操作者须按"设定"键进行相应的参数变动,之后按"定时执行"或"定数执行"键,可直接进入负荷输入状态。

3）试验结果报告

试验结果报告由打印机在每次试验结束后自动打印,格式如下:

(1) 题头:包括试验日期 DATE、设定运行的时间 TIME(或设定运行的圈数 NUMBLE)、试验的实际转速 SPEED(r/min)、样品的编号 CODE、试验温度 TEMPERATURE。

(2) 数据:包括所加负荷 P、平均传感力值 F_{cp}、最大传感力值 F_{max}、平均摩擦系数 μ_{cp}、最大摩擦系数 μ_{max}、磨痕直径 d(由试验操作者自己填写)。

(3) 摩擦系数变化曲线:纵坐标为摩擦系数 μ,横坐标为试验负荷。

6. 注意事项

(1) 计算机系统工作前应先通电预热半小时。系统只需初次复位一次,复位后须重新检查所设定的各试验参数。试验时,如果发生烧结,计算机自动判断为 P_D,并自动命令电动机停转,起到保护传感器和变频器的作用。当更换传感器时,一定要检查面板上传感器选择按钮的状态以及计算机系统传感器设定值,其应和所使用的传感器规格相对应,以免造成失准和不必要的损坏。

(2) 做完烧结试验后,应在移走油杯后启动电动机一次,若无法启动,则极可能在刚才的试验中变频器进行了过流保护,此时,须检查变频指示处,显示非"0"时,必须将总电源关掉,再重新接通,所有状态须重新设定一次。

(3) 试验前,主轴要空载运行一分钟,在未安装试验钢球的情况下,应先卸下偏心杆,以免飞出伤人,同时加载杠杆应灵活。

(4) 试验钢球、油杯、压紧块、夹头等在使用前,应按标准的规定清洗干净并吹干。

(5) 进行高负荷或烧结试验时,要确保钢球夹牢。此时,应将销轴穿入主轴和夹头的孔中,把主轴上的螺母用钩头扳手拧紧,对夹头施加预紧力,以免钢球因烧结力矩增大而打滑,损坏夹头。卸下夹头时,应先将螺母放松,将销轴从孔中抽出,再旋动偏心杆将夹头顶下。进行低负荷试验时只需将钢球压入夹头,然后装入主轴,用小锤轻敲一下即可。

(6) 使用扭力扳手上紧油杯固定钢球时,锁紧力矩应控制在 68 ± 7 N·m,以提高试验重复精度。

（7）在主机上装卸油杯的操作：在装卸支座上装好试验钢球并锁紧后，注入试样，将油杯套入主轴并上提靠紧，再把托块（平端向下）塞入油杯和导向柱之间，将托块上定位块套入油杯底孔中，对正后放下，再放下加力杠杆即可进行挂砝码操作。

（8）装好砝码后，加载时要十分缓慢、平稳，应避免冲击负荷，以免影响试验结果。

（9）经常保持滑动件及刀口轴承各处的润滑，以防磨损和锈蚀。

7. 四球摩擦副的力学运动学分析和计算

1）受力分析

四球摩擦副受力的力多边形是以四个球的球心 A、B、C、D 为顶点构成的正三棱锥体，如图 5.4 所示。B'、C'、D' 分别为上球 A 与下三球的三个切点。三条棱边 AB、AC、AD 分别为上球与下三球接触面间正压力 N_B、N_C、N_D 的方向线，其合力 P_0（大小等于试验负荷 P 而方向相反）的方向即在正三棱锥体的中轴线 AO 上，与负荷 P 在同一轴上，所以有

$$P = P_0 = 3N\cos\varphi \qquad\qquad (5.2)$$

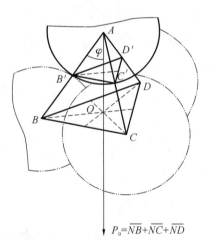

图 5.4　力分析图

式中：$\cos\varphi = \dfrac{\sqrt{6}}{3}$。

$$N = P_0 \frac{1}{3\cos\varphi} = \frac{\sqrt{6}}{6}P = 0.40825P \qquad\qquad (5.3)$$

式中：N 为上球对下球的正压力；P 为试验负荷。

　　2）摩擦系数 μ、接触面间摩擦力 f 的计算

　　由 B'、C'、D' 三点构成的圆环，其半径为

$$r = R\sin\varphi \tag{5.4}$$

式中：R 是钢球半径，为 6.35 mm，$\sin\varphi = \dfrac{\sqrt{3}}{3}$，则可得：$r = 3.6667$ mm。

　　该接触点处摩擦力为 f_i，其摩擦系数为 μ，其作用力为 N，则有

$$f_i = N\mu \tag{5.5}$$

　　对于三个接触点，即有

$$f = 3f_i = 3N\mu \tag{5.6}$$

　　由于本试验机在测量摩擦力矩时，采用荷重传感器来测量由油杯手柄（中心长 L =152.65 mm）传递的力 F（定义为"传感力值"），其力矩为 FL，此力矩与四球接触点的摩擦力矩 fr 相平衡，则有

$$F \cdot L = f \cdot r \tag{5.7}$$

$$f = \frac{F \cdot L}{r} = 41.64F \tag{5.8}$$

$$f = 3N\mu = \frac{FL}{r} \tag{5.9}$$

$$\mu = \frac{FL}{3Nr} \tag{5.10}$$

式中：$N = 0.40825P$ N；$L = 152.65$ mm；$r = 3.666$ mm。

　　代入后得

$$\mu = 34F/P \tag{5.11}$$

　　3）摩擦面滑动线速度

　　已知切点处半径 r 为 3.6667 mm，即有

$$V = 2\pi r \cdot n/(60 \times 100) = 0.0003839 \times n \tag{5.12}$$

即当 $n = 600$ 时，$V = 0.23$ m/s；$n = 1500$ 时，$V = 0.58$ m/s。

　　4）钢球接触应力计算

　　两球形体接触时，在外力 N 的作用下，由于表面局部弹性形变，会出现一个半径为 D_h 的圆形接触面积，由 Hertz 公式有

$$D_{\text{h}} = \sqrt[3]{6N \cdot \frac{\dfrac{1-\mu_1^2}{E_1} + \dfrac{1-\mu_2^2}{E_2}}{\dfrac{1}{R_1} + \dfrac{1}{R_2}}} \tag{5.13}$$

由于四球同材质、等半径,式(5.13)可简化为

$$D_{\text{h}} = \sqrt[3]{6N \cdot (1-\mu^2)R/E} \tag{5.14}$$

式中:$N = 0.40825P$;μ 为材料泊松比,0.3;E 为材料的弹性模量,2.085×10^5 MPa;R 为钢球半径,6.35 mm。

代入式(5.14),则得

$$D_{\text{h}} = 4.08 \times 10^{-2} \sqrt[3]{P} \tag{5.15}$$

接触应力为

$$\tau = N/S = 312.26 \sqrt[3]{P} \tag{5.16}$$

8. 砝码规格

砝码盘组件质量为 1 kg。

砝码规格如表 5.3 所示。

表 5.3　砝码规格

砝码重力/N	砝码质量/kg	数量	砝码重力/N	砝码质量/kg	数量
49.03	5.0	7	1.961	0.2	2
19.61	2.0	2	0.981	0.1	1
9.806	1.0	1	0.490	0.05	1
4.903	0.5	1			

5.2.4　思考题

(1) 简述 P_{D} 的含义。

(2) 润滑剂运动黏度对 P_{D} 和 D_{h} 值有何影响?

5.3　高温摩擦磨损实验

5.3.1　实验目的

（1）了解极端条件（超高温、超低温、重载荷、高真空）下摩擦磨损的测定方法；

（2）了解极端条件下聚合物、金属等材料的摩擦磨损失效机理。

5.3.2　实验设备

HT-1000 型高温摩擦磨损试验机。

5.3.3　实验装置与工作原理

1. 主要用途

极端条件（超高温、超低温、重载荷、高真空）下摩擦学的研究在军工、民用、航空航天等领域具有广泛的应用前景，是摩擦学领域研究的前沿。极端条件下摩擦学问题的应用对象主要涉及球轴承，各种齿轮，太阳能电池阵以及卫星天线的驱动、展开和收缩机构，小卫星的特殊摩擦学部件，火箭的涡轮，齿轮和气动机叶片及抗烧蚀轴承，在磁场或电场作用下信息装置的摩擦件和材料等；从机理上涉及摩擦对偶面的力学、物理和化学状态的极端变化对摩擦学参数的影响。本装置针对我国空间站、卫星、火箭、航空等技术中所遇到的多种苛刻工况下的摩擦学问题，拟建立具有高温的摩擦试验系统，为开展极端条件下聚合物、金属及陶瓷材料的摩擦磨损与润滑失效机理研究创造条件。试验机如图 5.5 所示。

2. 主要技术参数

（1）摩擦副主轴转速：200～2800 r/min。

（2）高温炉加热温度：室温至 1000 ℃，控制精度为 0.2%FS。

（3）载荷范围：1～20 N。

（4）摩擦系数为 0.001～2.00，显示精度为 0.2%FS。

图 5.5　高温摩擦磨损试验机

3. 仪器操作

1) 准备工作

(1) 检查仪器是否良好接地。

(2) 仪器、控制箱电压均为 220 V/50 Hz 交流电。

(3) 检查仪器高温炉、电动机变频器、仪器主控制箱信号线连接是否正确,接触良好。

(4) 机架平台要平稳牢靠。

(5) 将所测样品清洗干净,安装到样品台上,样品一定要用夹具安装牢固。

(6) 做 100 ℃以上的试验时必须打开水循环电源,水桶里的水要超过潜水泵。

2) 开机运行

检查整机接线准确无误后,依次打开计算机、仪器控制箱和仪器主机电源。此时控制箱、主机电源灯亮,预热 15 min 后,进入 Windows 资源管理器窗口,双击"高温摩擦磨损试验机"应用程序,进入仪器运行程序,屏幕显示主控窗体。

3) 试验参数设定

(1) 用鼠标箭头指向文本框,单击左键,光标在文本框中闪动,用键盘输入修改值。只输入数值,不输入单位。

(2) 试验时间:仪器控制的试验运行时间,单位为 min。

(3) 试验载荷:试验中被测样品的加载量,输入参数范围为 100~2000,单位为 kg。

(4) 测试材料:输入被测样品的材料型号。

(5) 对磨材料:安装在上试样夹具杆中的球或栓的材料型号。

(6) 电动机频率:输入的是频率值,电动机频率应与计算机主控窗口输入的电动机频率值一致。换算成试验的转速时,转速=56×频率值,单位为 r/min。

(7) 摩擦系数极限值:超过设定最大值,系统将自动停机,起到保护作用。

(8) 摩擦系数坐标幅度:根据被测样品摩擦系数的大小,选择摩擦系数坐标值"1"或"2",其余各参数用户根据实际情况输入。

4) 工具条的功能

(1) "设置":按"设置"键,重新填写初始参数。

(2) "调图":以图形方式显示已存储的试验数据文件。鼠标单击该按钮,弹出文件对话框,输入要调用的文件名,单击"打开"按钮。调用的文件以图形方式显示在屏幕上。

(3) "保存":测试结束后,单击该按钮弹出文件对话框,输入要存储的文件名,单击"存储"按钮,以文本文件的形式保存试验结果。(用户可建立自己的试验数据文件夹保存数据。)

(4) "启动":调整好样品位置和载荷零点,正确输入各参数,温度已达到试验所需的温度值;电动机频率与计算机主控窗口电动机频率值设定一致;单击"启动"按钮,试验开始。

(5) "终止":停止正在进行的试验。

(6) "打印":单击此按钮,系统进入 Microsoft Excel,用户可以重新绘图。

4. 试验流程

(1) 依次打开计算机、仪器控制箱和仪器主机电源,此时控制箱、主机电源灯亮,预热 15 min。双击"高温摩擦磨损试验机",进入仪器应用程序,屏幕显示主控窗体。

（2）将被测样品用螺丝和压板固定在样品台上,将上试样（球或栓）安装到加载杆中,再把加载杆放入横梁圆孔中,使上下摩擦对偶接触。转动滑动导轨的调整旋钮,使摩擦对偶面处于设定的半径位置。取出加载杆,盖好样品台密封盖,再放入加载杆调整密封盖上的小盖板,使加载杆穿过小盖板中心孔但不接触小盖板,取出加载杆,固定小盖板。（注意:调整半径旋钮时,标尺向左对齐。）

（3）按照温度控制仪使用说明书操作温控仪。

（4）按照电动机变频器控制使用说明书,设定电动机频率。变频器显示的是频率值。（注意:试验转速＝频率×56;始终保持样品盘逆时针旋转。）

（5）打开水循环电源,使水泵工作。设定试验参数（实验时间应设为温控仪升温时间＋20 min）,在屏幕主控窗口点击"启动",运行程序并启动主动电动机。启动温控仪,将样品加热到设定温度值。（注意:此时不放加载杆,常温试验无须运行此项。）

（6）调整摩擦力零点:温度上升到设定的试样温度值后,调整仪器控制箱摩擦力零点旋钮,使屏幕主控窗口下方"初始调零"文本框中数值显示为"0.＊＊"。（注意:此时不放加载杆,在调整摩擦力零点时程序及主动电动机必须为运行状态。）

（7）点击屏幕主控窗口中"停止",将试验所需的砝码安装到加载杆上,并将加载杆放入横梁圆孔中,使加载杆接触到样品。（注意:夹具杆放入横梁圆孔后,不能再调整摩擦力零点。）

（8）在屏幕主控窗口重新设定试验时间,点击"启动",试验开始,同时检查样品盘是否转动。屏幕主控窗口即时显示试验温度、摩擦系数曲线。

（9）实验结束后,点击屏幕主控窗口中"保存",保存实验数据。常温试验结束后,依次取下加载杆、砝码、样品、压板及样品固定螺丝。高温试验结束后,取下加载杆、砝码,如果温控仪没有停止工作,则按温控仪操作说明书停止温控仪工作。继续运行并启动程序,使样品盘继续转动,不能关闭循环水电源,否则会损坏仪器。等仪器温度为100 ℃左右时,便可结束实验。（注意:高温试验的样品固定螺钉只能使用一次,第二次高温试验应换新的固定螺钉,否则会损坏固定螺孔。）

5. 关机操作

（1）用鼠标单击"退出"按钮,退出控制程序。

（2）先关闭主机控制箱、主机电源,再关闭计算机电源。

（3）高温试验结束后，不能马上关闭循环水电源，一定要等到炉温降到常温后才可以关闭电源，否则会损坏仪器主轴。

6. 注意事项

（1）仪器使用的计算机为专用控制机，严禁更改操作系统、删除文件等影响计算机安全的操作。

（2）仪器使用完毕后，必须关闭主控制箱电源，以免主机电动机长期通电烧毁。

（3）定期向仪器运动部件如滑轨、加载丝杠、平台移动丝杠、轴承、齿轮等加注润滑脂。本仪器应存放在干燥、温差小的室内，保持仪器表面干燥，一个月应在仪器表面涂少许润滑油，防止生锈。

5.3.4　思考题

（1）测定温度对润滑剂运动黏度有何影响？
（2）极端条件下的摩擦学问题与常规条件下有何不同？

5.4　高速往复摩擦磨损实验

5.4.1　实验目的

（1）了解不同种类或涂层多种性能的测量方法；
（2）了解轴承和齿轮摩擦系数、摩擦力、材料耐磨性等参数的测量方法。

5.4.2　实验设置

HSR-2M 高速往复摩擦磨损试验机。

5.4.3　实验装置与工作原理

1. 主要用途

本设备可以对不同种类材料或涂层、固态或液态的润滑介质、陶瓷、轴承和齿轮等进行多种性能的测量。所有被测参数包括摩擦系数、摩擦力、材料耐磨性、载荷和转矩、材料表面轮廓、涂层磨损深度等,并以数据、图形和图像的方式同步显示。该设备可广泛应用于材料表面加工工艺的研究、材料的失效与可靠性的评价、工业产品质量检验及控制,可以完成往复摩擦测试和表面轮廓测量,试验机如图 5.6 所示。

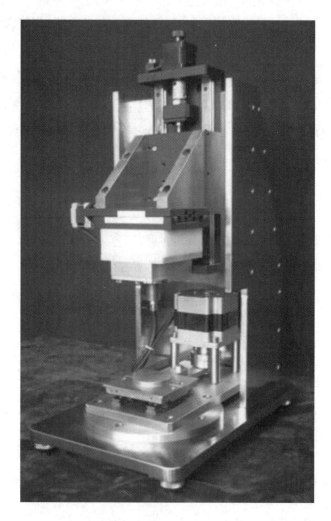

图 5.6　高速往复摩擦磨损试验机

2. 主要技术参数

1) 往复摩擦方式

(1) 加载范围:0.1~200 N,自动连续加载。

(2) 往复频率:3~50 Hz。

(3) 运行长度:0.5~25 mm。

(4) 样品台升降高度:0~100 mm。

（5）下试样尺寸：厚度 0.5～30 mm，半径 2～30 mm。

（6）上试样尺寸：ϕ3～6 mm 钢珠或 ϕ3～5 mm 圆柱。

2）表面轮廓测量

（1）加载载荷：10 g。

（2）表面粗糙度分辨率：0.1 μm。

3. 仪器操作

1）准备工作

（1）检查仪器是否良好接地。

（2）检查各接线插头是否正确、接触良好。

（3）机架平台放置要平稳、牢靠。

（4）被测样品应清洗干净。

2）开机

（1）检查整机接线准确无误后，打开计算机电源。进入 Windows 资源管理器窗口，在桌面上点击"试验测试"图标进入仪器运行程序。

（2）依次打开计算机、仪器控制箱电源，此时控制箱电源灯亮，预热 15 min 后开始做实验。（注：开机时先开计算机再开控制箱，关机时先关控制箱再关计算机。）

3）主控窗口各功能键使用说明

主控窗口如图 5.7 所示。

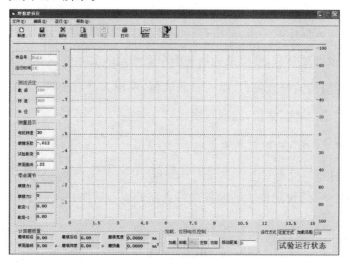

图 5.7　主控窗口

（1）新建按钮：用鼠标左键单击"新建"按钮，弹出"参数设定"窗口，如图5.8所示。

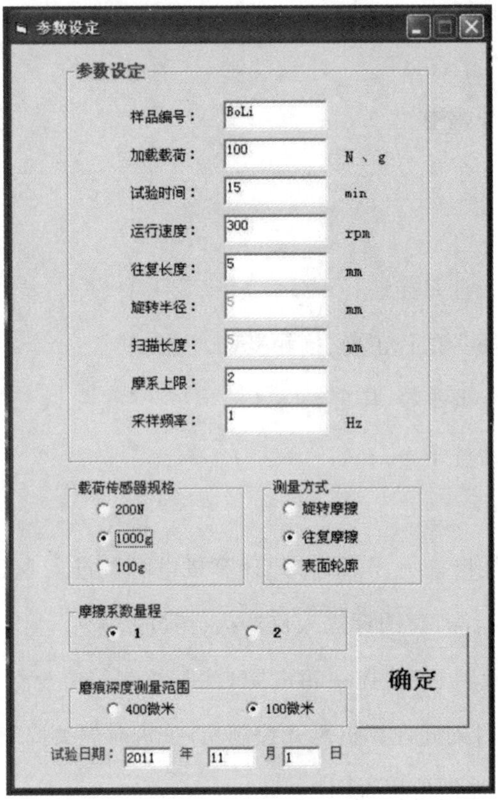

图5.8　参数设定

试验参数输入操作及要求：每次打开"参数设定"窗口，将显示上一次输入的参数；如要重新输入或修改参数，则将鼠标箭头指向要修改的文本框，单击左键，光标在文本框中闪动，用键盘输入修改值；只输入参数数值，不输入参数的单位；试验参数输入完成后，用鼠标单击"确定"按钮，返回程序窗口。

① 样品编号：输入试验样品编号。

② 加载载荷：用户试验时所需的加载载荷，单位为N或g。选择并使用200 N力传感器时，单位为N，设定输入的参数最好为整数值。选择并使用1000 g或100 g传感器时，单位为g。

③ 试验时间：试验的运行时间，单位为min。

④ 运行速度：往复摩擦测量方式下，样品台的往复次数，单位为r/min。

⑤ 往复长度:指往复摩擦方式下试样的滑动距离。该参数根据往复长度调整机构的实际调整值输入。

⑥ 摩擦系数上限:样品在往复摩擦试验中,所测摩擦系数的上限,即在摩擦试验过程中,一旦摩擦系数超过设定值,仪器便会自动停止摩擦试验。一般设定为 1 或 2。

⑦ 采样频率:用户自定义试验过程中采集实验原始数据的频率,即在试验过程中自定义一秒钟的采样次数,单位为 Hz。一般采集频率为 1、2、3、4、5、6、12、15、20、30 Hz。最慢为 1 秒 1 次,最快每秒 30 次,最大数据容量 2500 万个。在设定采样频率时应考虑与试验运行时间相对应。一般情况下,试验运行时间长,采样频率应较低。试验运行时间短,采样频率可高些。采样数据量＝试验运行时间(秒)×采样频率。

⑧ 载荷传感器规格:用户根据试验要求点击选择框,选择传感器规格,同时必须更换与试验相应规格的传感器。

⑨ 摩擦系数量程:在程序主界面中左边纵坐标显示值设定。

⑩ 磨痕深度测量范围:在程序主界面中右边纵坐标显示值设定。

(2) 调图和存储按钮:以图形方式显示已存储的试验数据文件。单击该按钮,弹出文件对话框,找到或输入要调用的文件名,单击"打开"按钮。调用的文件以图形方式显示在屏幕上。试验数据以文本形式保存。测试结束后,单击该按钮弹出存储对话框,输入要存储的文件名,单击"存储"按钮,弹出是否保存原始数据对话框,选择"否",则保存的数据为程序自定义采样频率的原始数据,选择"是",则又一次弹出存储对话框,此时保存的数据为用户自定义采样频率的原始数据。

(3) 启动和停止按钮:调整好样品位置和载荷零点、摩擦力零点,正确输入各参数后单击此按钮,开始测试。在启动运行程序后,单击"停止"键,可终止当前测试程序的运行。

(4) 退出按钮:退出试验程序,返回 Windows 窗口。

(5) 测试设定框:显示用户设定的载荷、转速等参数。

(6) 测量显示框。

① 电动机转速:在往复摩擦测试中,显示电动机往复次数。

② 摩擦系数:在往复摩擦测试中,显示所检测到的摩擦系数值。注意:在使用 1000 g、100 g 传感器进行测试前,应观察此文本框中的值,调整 1000 g、100 g 传感器的零点。

（7）试验载荷：用 200 N 传感器测试时，显示传感器的载荷值。由于使用 1000 g、100 g 传感器测试时，用砝码加载，因此无须检测载荷值，此时此框无效。

（8）零点调节框。

① 摩擦力 1：观察文本框中的值，调整 200 N 传感器摩擦力 1 的零点。

② 摩擦力 2：观察文本框中的值，调整 200 N 传感器摩擦力 2 的零点。

③ 载荷-1：观察文本框中的值，调整 200 N 传感器载荷 1 的零点。

④ 载荷-2：观察文本框中的值，调整 200 N 传感器载荷 2 的零点。

（9）磨痕深度文本框：按磨损量测量方法操作，显示磨痕宽度、磨痕深度、磨损量。

（10）加载、位移电动机控制框：在"移动距离"文本框中输入要移动的位移量，单位为 mm；也可输入小数，例如 0.1、0.003、0.0001 等。用鼠标单击"加载"或"卸载"按钮，可在 Z 轴方向上下移动加载平台，调整载荷压头位置。用鼠标单击"左移"或"右移"按钮，可在 X 轴方向左右移动上试样平台，调整上试样的位置。注意：左、右移动时输入最大值为 10。

4）测量方式的操作方法

（1）往复摩擦方式操作方法。

往复摩擦组件结构如图 5.9 所示。

图 5.9　摩擦组件结构

① 组件安装：将往复组件安装到主机平台上，拧紧固定螺钉（4 只 M6 内六螺钉）。把试样平稳地放在样品台上，用夹具或压板将试样固定。

② 传感器安装:选择试验所需的传感器安装在设备上。200 N 传感器安装前,选择与试验相匹配的弹簧大小、夹具芯、相对应的销或钢球夹具。1000 g、100 g 传感器则需安装相应的加载杆及钢球夹具。

③ 调整加载机构:用自动或手动方法调整加载平台,使上试样刚要触及下试样表面,但不能接触,再用自动或手动方法左右移动上试样平台,调整往复位置。注意:调整好后,用手转动往复长度调整块,观察上试样与下试样接触的轨迹,确定上试样夹具没有与压板边缘或螺丝等接触。

④ 设定参数:点击程序界面的"新建"按钮,设定参数并选择相应的传感器及摩擦方式。注意:1000 g、100 g 传感器的加载载荷等于实际加载砝码质量+20 g(加载杆自重)。

⑤ 200 N 传感器测试:主控箱预热后,检查上试样是否离开下试样,力传感器应在空载状态。旋转仪器控制箱前面板载荷Ⅰ、Ⅱ调零旋钮,使屏幕程序窗口左下方"调节零点"框中的"载荷1""载荷2"文本框中数值显示为"0.00",然后检查"测量显示"框中"试验载荷"文本框数值显示是否为"0.00"。旋转仪器控制箱前面板摩擦力Ⅰ、Ⅱ调零旋钮,使屏幕程序窗口左下方"调节零点"框中的"摩擦力1""摩擦力2"文本框中数值显示为"0.00",然后检查"测量显示"框中"摩擦系数"文本框数值显示是否为"0.00"。载荷1、载荷2、摩擦力1、摩擦力2零点调整结束后,点击程序界面的"启动"按钮,开始测试。仪器将按照试验设定参数,自动加载,并绘制数据图形,试验结束后自动停机。

⑥ 1000 g、100 g 传感器测试:在使用 1000 g 或 100 g 力传感器时,因使用标准砝码加载,所以不需要进行载荷调零,只需调整摩擦力零点。调节仪器控制箱前面板1000 g、100 g 调零旋钮,使程序窗口"测量显示"框中"摩擦系数"文本框数值显示为"0.00"即可。调整结束后,用手动方法调整加载平台,使上试样与下试样表面接触,并将加载杆顶起 2~3 mm,将试验所需的砝码加载到加载杆上,点击程序界面的"启动"按钮,开始测试。仪器将按照试验设定参数,自动绘制出数据图形,试验结束后自动停机。

⑦ 保存:测试结束后,单击"存储"按钮弹出存储对话框,输入要存储的文件名,单击"存储"按钮,弹出是否保存原始数据对话框,选择"否",则保存的数据为程序自定义采样频率的原始数据,选择"是",则又一次弹出存储对话框,此时保存的数据为用户自

定义采样频率的原始数据(用户可自行建立文件夹保存数据)。注意:保存的数据格式为文本格式,打开后,第一列为运行时间,第二列为摩擦系数,第三列与第四列为无效值。用户可选择第一、二列数据进行绘图。

⑧ 往复长度的调整:根据试验要求,如需调整往复长度,则应先松开调整块上三个固定螺钉,将固定螺钉后面的长方块拉出或推入改变旋转曲轴半径,就可改变往复长度,调整好后,先轻轻拧紧调整块上三个固定螺钉,用手拨动往复长度调整块,再用卡尺测量样品台的实际往复距离,根据试验要求调整好往复长度后,必须将调整块固定螺钉拧紧。

(2) 磨损量测量方式操作方法。

① 磨损量测量组件的安装及样品安装:将磨损量测量组件安装到加载平台的右侧,将信号线接入控制箱后面的位移输入接口。被测样品放置在样品台上并固定。松开固定手柄,将传感器支架旋转至样品上方合适的位置,拧紧固定手柄。手动或自动调整加载平台,左右移平台向左或向右移动,观察左右移平台向左移动的空间是否大于设定的扫描长度,如果小于则需重新将样品向右移动,并向右移动左右移平台,使左右移平台向左移动的空间大于设定的扫描长度,位移传感器处于样品所测磨痕的右侧。

② 参数设定:点击程序界面的"新建"按钮,设定各参数。注意:扫描长度根据所测磨痕的宽度而设定,一般设定为 3~5 mm,环块磨痕及销对磨的磨痕较宽一些,为 5~10 mm。往复长度参数必须与实际所测磨痕一致,否则计算出的磨损量结果将有误。

③ 磨损量测量方式的位移传感器零点调节:确定好位置后,在程序窗口"加载、位移电机控制框"内的"移动距离"文本框中输入"1",点击"加载、位移电机控制框"中的加载按钮,观察程序窗口"测量显示"框中的"磨痕深度"文本框数值,显示为"±*.**",其值最大为+455,最小为−455。如果仍为+455,则继续点击程序窗口"加载、位移电机控制框"中的加载按钮,直到"磨痕深度"文本框数值变化,根据"磨痕深度"文本框数值大小,改变"移动距离"文本框中的值,依次为 0.1、0.01、0.001、0.0001,连续点击"加载、位移电机控制框"中的加载、卸载按钮,直至"磨痕深度"文本框中的数值为"0"为止。

注意:如果"磨痕深度"文本框中的数值为正,则点击"加载、位移电机控制框"中的

"加载"按钮,如果"磨痕深度"文本框数值为负,则点击"加载、位移电机控制框"中的"卸载"按钮。

④ 开始测试:点击程序窗口的"启动"按钮,开始测试,仪器将自动运行并显示曲线。

磨痕深度测量计算结果如图 5.10 所示。测试样品表面平行时磨损量的测量方法如图 5.11(a)所示,样品表面不平行时磨损量测量方法如图 5.11(b)所示。箭头所指处为鼠标滚轮点击处,其中,1 表示磨痕前沿,2 表示磨痕后沿。

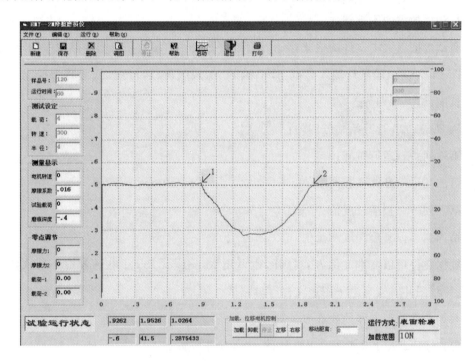

图 5.10　磨痕深度测量

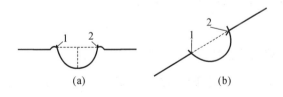

图 5.11　磨痕深度测量

⑤ 磨损量的计算:如图 5.10 所示,先用鼠标中轴滚轮点击磨痕左上沿 1 处,再用鼠标中轴滚轮点击磨痕右上沿 2 处,磨痕宽度显示在程序窗口"磨痕宽度"文本框内。

选择所测磨痕截面往复摩擦,计算机自动计算出磨损量,显示在"磨损量"文本框内。

注意:测量时要在磨痕上选择不同的 3～5 个测量点,每个测量点检测 3 次,将这些数据求平均值,即得该磨痕的磨损量。

⑥ 保存:测试结束后,单击"存储"按钮弹出存储对话框,输入要存储的文件名,单击"存储"按钮,弹出是否保存原始数据对话框,选择"否",则保存好数据。注意:保存的数据格式为文本格式,打开后,第一列与第二列为无效值,第三列为扫描长度,第四列为磨痕深度。用户可选择第三、四列数据进行绘图。

4. 测试数据的图表制作

测试数据以文本文件的格式存储。测量数据文件的参数和数据存储顺序如下:

1～20 行为试验条件输入参数:样品编号、加载载荷、运行速度、旋转半径、长度、扫描长度、试验日期等。

从 21～1020 行开始共分四列:

第一列——运行时间;

第二列——摩擦系数测量值;

第三列——扫描长度值;

第四列——磨痕深度测量值。

数据文件可以文本文件方式打开,也可用 Microsoft Excel 电子表格工具软件打开,进行绘图并转换为电子图表文件存储格式。

数据文件图形制作的操作方法如下。

(1) 打开 Excel 电子图表工具软件,进入操作界面。

(2) 选择"文件"菜单中的打开选项,出现"打开"对话框,将文件类型改为"txt"类型,找到并选择所要制图的 .txt 测试数据文件,点击"打开",出现文本导入向导对话框,设定导入起始行为18(删除输入的参数),点击"下一步",选择逗号为分隔符,点击"下一步",在列数据格式中选择"文本",之后点击"完成"。测量数据全部显示在 A1、B1、C1 列上。A1 列为加载载荷,B1 列为声发射信号强度,C1 列为摩擦力。

(3) 选取任意两列或全部列,点击工具栏"图表向导",弹出"图表向导"窗口,选择图表类型中的折线图,并选择第一个子图表类型。用鼠标左键点击"下一步",弹出"图表向导"窗口,在"图表标题:分类(X)轴:数值(Y)轴中"分别填写完成后点击"下一步",再点击"完成"。图表制作好了以后,用户可根据情况修改绘图区或分类轴的刻度等。

5.注意事项

（1）仪器使用的计算机为专用控制机，严禁更改操作系统、删除文件等影响计算机安全的操作。

（2）仪器使用完毕后，必须关闭主控制箱电源，以免主机电动机长期通电烧毁。

（3）定期向仪器运动部件如滑轨、加载丝杠、平台移动丝杠、轴承、齿轮等加注润滑脂。本仪器应存放在干燥、温差小的室内，保持仪器表面干燥，一个月应在仪器表面涂少许润滑油，防止生锈。

5.4.4　思考题

（1）高速往复式摩擦磨损试验机可对哪些零部件进行测量？

（2）分析滑动速度对摩擦副摩擦磨损的影响。

5.5　万能摩擦磨损实验

5.5.1　实验目的

（1）了解不同种类高档系列液压油、内燃机油摩擦磨损性能的测量方法；

（2）了解立式万能摩擦磨损试验机的使用方法。

5.5.2　实验设备

MMW-1 型立式万能摩擦磨损试验机。

5.5.3　实验装置与工作原理

1.主要用途

MMW-1 型立式万能摩擦磨损试验机是研制开发各种中高档系列液压油、内燃机油、齿轮机油必需的模拟评定测试试验机。试验机在一定的接触压力下，具有滚动、滑动或滑滚复合运动的摩擦形式，具有无级调速系统，可在极低速或高速条件下，评定润滑剂、金属、塑料、土层、橡胶、陶瓷等材料的摩擦磨损性能,可完成低速销盘(大、小盘与单、双销)摩擦功能,四球长时抗磨损性能和四球滚动解除疲劳,球-青铜三片润滑性能,止推垫圈、球-盘、泥浆磨损、橡胶密封圈的唇封力矩和黏滑摩擦性能试验。

2. 主要技术规格

(1)试验力:

轴向试验力范围为 10～1000 N;

试验力示值相对误差为±1%;

试验力自动加载速率为 400 N/min。

(2)摩擦力矩:

测定最大摩擦力矩为 2.5 N·m;

摩擦力矩示值相对误差为±2%;

摩擦力臂为 50 mm。

(3)主轴无级变速范围:

单级无级变速范围为 1～2000 r/min;

特殊减速系统变速范围为 0.05～20 r/min;

主轴转速误差为±1%。

(4)试验机主轴控制方式有手动控制、时间控制、转速控制和摩擦力矩控制。

(5)试验机时间显示与控制范围:10 s～9999 min。

(6)试验机转速显示与控制范围:$(1\sim99)\times10^5$ r/min。

(7)试验机主电动机输出最大力矩:5 N·m。

3. 试验机主要结构

立式万能摩擦磨损试验机主要由主轴驱动系统、摩擦副专用夹具、摩擦力矩测定系统、弹簧式微机施力系统、摩擦副升降系统、操作面板系统等组成。试验机如图5.12 所示。

1)主轴及驱动系统

主轴由交流伺服电动机和交流伺服调速系统驱动,系统电动机的额定力矩为5 N·m,可无级调速,高速时精度为1%。交流伺服电动机功率为 1 kW,在主轴和交流伺服电动机上部分别装有特制的从动和主动圆弧齿形带轮,通过圆弧齿同步带把交流伺服电动机传递到主轴上。为了使主轴具有更低的运动速度,试验机还附带一套

图 5.12　立式万能摩擦磨损试验机

20：1 减速装置,由梯形齿同步带和两对减速齿轮及一对径向球轴承组成,主轴上部装有一套径向球轴承,其下部装有一对背靠背径向止推轴承,以承受最高可达 2000 N 的轴向试验力。

2）下导向主轴与下摩擦盘及摩擦力矩传感系统

该系统包括下导向主轴、下摩擦副盘、支线球轴承、径向球轴承、试验力传感器、摩擦力矩传感器、止推球轴承、背紧螺母和滚花螺钉,在更换夹头和装卸各种摩擦副时,必须操作背紧螺母和滚花螺钉,直线球轴承可使下导向主轴上下运动,摩擦力小,轻便灵活,在施加试验力时具有极高的灵敏度,径向轴承可保证传递摩擦力矩时数显准确可靠。

3）弹簧式微机施力系统

试验机试验力的施加通过弹簧式施力机构与微机控制步进电动机系统自动完成,步进电动机通过一对径向止推轴承传递一对减速比为 80：1 的蜗杆蜗轮运动副。蜗轮上固定着一根丝杠,由一对径向止推滚子轴承使下螺母施力板上下移动压缩施力弹簧,通过上施压板、荷重传感器把试验力施加到不同的摩擦副上产生接触压力,并按要求进行试验。操作试验力控制按钮,通过微机控制自动加载系统可实现一定速率加载。行程限位开关可在试验结束自动卸载后起限位停机作用。

4）试验机控制面板系统

试验机的控制面板由 8 个操作单元组成（见图 5.13），可实现对试验力、摩擦力矩、转速、试验转数、时间及温度等参数进行预置、测量、控制、报警和显示操作。

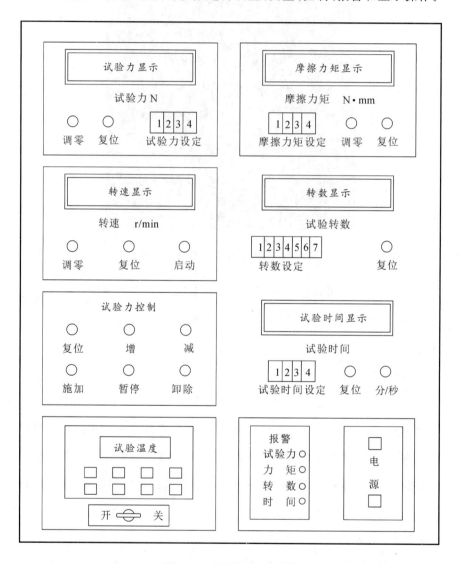

图 5.13　试验机控制面板

（1）试验力操作。

试验力范围为 0~1000 N,当试验力超过最大值的 2%~4%时,试验机将自动保护停机,报警灯亮,并且开始自动卸载,按下试验力显示单元的复位键,可解除报警状态。

调零旋钮调整的最佳位置应使试验力显示"＋"或"－"号。每次试验前或更换不同的摩擦副后都必须重新调零,调零操作必须在摩擦副接近时进行(注:摩擦副上下试件间要保留 5～10 mm 的间距)。

试验力设定拨盘可预置 1～1000 N 范围内的整数力值,微机自动加载控制器具有接近预置力时缓冲功能。

试验力控制单元可以实现自动加载和手动加载控制。通过拨盘预设好试验力后,按下"施加"按键,试验机自动加载试验力至预置值。在小范围内调整试验力值时,可通过"增"或"减"按键来实现增大或减小试验力数值。试验力自动加载控制器采用闭环控制系统,试验过程中可以自动调节并保持试验力数值的恒定。试验结束后,按下"卸除"按键,试验机自动卸除试验力。

(2) 摩擦力矩操作。

摩擦力矩范围为 0～2500 N·mm,调零旋钮调整的最佳位置应使摩擦力矩显示"＋"或"－"号。摩擦力矩设定拨盘可预置 1～2500 N·mm 范围内的整数力值,在试验开始时,可以预置较大的数值,如 500 N·mm、1000 N·mm、1500 N·mm、2000 N·mm、2500 N·mm。在试验进入正常状态后,可根据实际测量的摩擦力矩数值和试验要求,用拨盘设置报警停机数值。若试验不要求摩擦力矩报警停机,则可将设定值预置为较大的数值。

当摩擦力矩超过预置数值时,试验机将报警停机,再次启动主轴前,必须按下摩擦力矩测控单元"复位"按键,解除报警状态。

(3) 主轴无级变速系统操作。

试验机主轴无级调速范围为 1～2000 r/min,安装上 20∶1 的减速装置后,主轴无级变速范围为 0.05～100 r/min,显示精度为 0.2～1 r/min。根据实验要求,调节"调速"按键,使主轴转速达到试验设定值。若在同一转速下重复试验,则报警停机后不需要立即解除报警状态,待下次试验时,按下时间测试单元"复位"键,主轴将按调整好的转速开始工作。

(4) 试验转数操作。

试验转数控制范围为 1～9999999,试验转数单元具有超设定值自动停机功能,当试验转数报警停机后,再次启动主轴前必须按下相应的"复位"键,解除报警状态。若试验不要求试验转数自动停机,则可将试验转数设定值设置为较大的数值。

(5)试验时间操作。

试验时间控制范围为 1 s～9999 min,时间控制单元具有分/秒切换键,可以选择使用分或秒作为定时时间单位,时间控制单元具有超设定值自动停机功能。当试验时间报警停机后,再次启动主轴前必须按下相应的"复位"键,解除报警状态。若试验不要求试验时间自动停机,则可将试验时间设定值设置为较大的数值。

(6)温度控制操作。

温度控制系统由加热器、温控器及温度传感器等组成。

4. 试验流程

(1)检查试验机各单元是否完整良好,接线应无松动、脱落,检查计算机接线电源情况。

(2)按下试验机电源,启动开关接通电源,各测控显示单元均应亮,预热 15 min,进行试验力、摩擦力矩调零。

(3)打开数据采集计算机,启动测试软件系统。

(4)按下主轴"启动"按键,调节"调速"按键,使主轴低速空运转,检查主轴的转向。

(5)在系统报警显示单元有报警信号时主轴不能启动,可以按下相应测控单元的"复位"或"清零"按键,解除报警状态,之后可以启动主轴。

(6)根据试验设计设定试验力、摩擦力矩、试验转数、试验时间、温度等,并调整转速旋钮完成转速设定后停机。

(7)将准备好的试验试件装夹好,待温度达到试验温度后,启动试验机,同时启动计算机软件测试系统,开始试验测试,记录相关测试数据。

(8)一次试验测试完成后,试验机将根据预先的设定自动停机,关闭软件测试系统,记录相应的测试数据和图形。

(9)试验结束后,关闭计算机及控制电源,整理试验数据和现场。

5. 注意事项

(1)仪器使用的计算机为专用控制机,严禁更改操作系统、删除文件等影响计算机安全的操作。

（2）仪器使用完毕后,必须关闭试验机电源。

（3）定期向仪器运动部件加注润滑介质。本仪器应存放在干燥、温差小的室内,保持仪器表面干燥,一个月应在仪器表面涂少许润滑油,防止生锈。

5.5.4　思考题

（1）立式万能摩擦磨损试验机主要的工作特点及测试对象有哪些?

（2）分析载荷对摩擦副摩擦磨损的影响。

参 考 文 献

[1] 孙志礼,闫玉涛,田万禄.机械设计[M].北京:科学出版社,2015.

[2] 闫玉涛,李翠玲,张风和.机械原理与机械设计实验教程[M].北京:科学出版社,2015.

[3] 费业泰.误差理论与数据处理[M].北京:机械工业出版社,2000.

[4] 张维光.机械原理与设计实验[M].镇江:江苏大学出版社,2015.

[5] 孙红春,李佳,谢里阳.机械工程测试技术[M].北京:机械工业出版社,2020.

[6] 赵又红,姜胜强.机械基础实验教程[M].3版.湘潭:湘潭大学出版社,2016.

[7] 杨昂岳,毛笠泓,夏宏玉.实用机械原理与机械设计实验技术[M].长沙:国防科技大学出版社,2009.

[8] 熊晓航,田万禄,曹必锋,等.机械基础实验教程[M].2版.沈阳:东北大学出版社,2014.

[9] 李小周.机械原理与机械设计实验教程[M].武汉:华中科技大学出版社,2012.

[10] 张继平.机械基础实验教程[M].北京:国防工业出版社,2016.

[11] 郭宏亮,魏衍侠.机械基础实验[M].北京:电子工业出版社,2016.

[12] 姚伟江,李秋平,陈东青.机械基础综合实验教程[M].北京:中国轻工业出版社,2014.